日本の美しい色の鳥

CONTENTS

[コラム]

*難しい言葉は用語索引をご利用下さい。該当頁で解説しています

赤色を愉しむ鳥

標準和名　**タンチョウ**
学　　名　*Grus japonensis*
英　　名　Red-crowned Crane
英名の意味　赤い冠をつけた+ツル*1
漢字表記　丹頂、アイヌ語でサロルンカムイ(湿原の神)
分　　類　ツル目ツル科ツル属*2
全　　長　145cm
撮影場所　日本　北海道
撮 影 者　Danny Green(a)

*1　ツルは重機のクレーンの語源で、Craneはよく景色を見ようと首を伸ばすというツルの習性を表す意味もある

*2　属名のグルッスはラテン語で「ツル」、種小名はJapon+-ensisに属するで「日本産の」(87ページ)

白黒の鳥でも
頭の頂の赤色（丹）が
美しいから丹頂

日本の色を記憶しよう

白と黒の羽色の大型のツルで、頭頂の赤い部分が目立つので「丹(赤い色の意味)を頂く」という和名となりました。この赤い部分は皮膚の裸出部で、興奮すると大きくなります。かつては関東地方などで越冬していましたが、現在では北海道にのみ分布する留鳥※です。湿原、湿地、河川などに生息しますが、乱獲などのために明治期に絶滅寸前まで減ってしまいました。大正期から保護増殖活動が続けられ、今では1,300羽を超えるまでに生息数が回復しています。

※留鳥=一年じゅう同じ地域に生息する鳥のこと

撮影場所　日本　北海道
撮影時期　2月13日
撮影者　Danny Green(a)

標準和名 **オオマシコ**
学　　名 *Carpodacus roseus*
英　　名 Pallas's Rosefinch
英名の意味 パラス（人名）*1の+マシコ《バラ+小鳥（フィンチ）》*2
漢字表記 大猿子
分　　類 スズメ目アトリ科オオマシコ属*3
全　　長 17cm
撮影場所 日本　長野県　八ヶ岳
撮影時期 1月
撮 影 者 和田剛一(a)

*1　ドイツの動物・植物学者ペーター・ジーモン・パラスPeter Simon Pallas (1741-1811)
*2　環境省によるフィンチの定義は、スズメ目の60科中のホオジロ科、アトリ科、カエデチョウ科、ハタオリドリ科の4科の鳥を表す総称
*3　属名はギリシャ語「果物をついばむもの」、種小名はラテン語「赤らんだ」

赤い小鳥の代表格で、学名や英名では「バラ色の鳥」を意味する名が付けられています。特に雄成鳥が鮮やかな色調なのは他種と同様ですが、オオマシコは雌も淡い紅色系で、こちらも美しい姿をしています。ふ化してから、このような美しい羽に生え換わるまで3～4年かかると考えられており、雄でも若い個体は赤色が淡く、胸や脇に褐色の縦縞模様があるなど雌成鳥によく似ています。本州から北海道にかけて渡来する冬鳥※で、低木林や疎林のような場所に小群で現れ、草の種子を好んで食べます。個体数は多くはありません。「チィッ」「ピィーッ」などと甲高い小声で鳴きます。

※冬鳥＝秋に北方から渡って来て越冬し、春に渡去する鳥

ニホンザルの顔の色に似ているから

標準和名　**ギンザンマシコ**
学　　名　*Pinicola enucleator*
英　　名　Pine Grosbeak
英名の意味　松+円錐形の大きな嘴を持つ鳥*1
漢字表記　銀山猿子
分　　類　スズメ目アトリ科ギンザンマシコ属*2
全　　長　22cm
撮影場所　日本　北海道　東川町
撮影時期　12月20日
撮 影 者　宮本昌幸
*1　gross大きな(原義)+beak嘴
*2　学名はラテン語で属名「松に棲むもの」、種小名「仁(タネ)を取り出すもの」

国内では北海道の高山でのみ繁殖する小鳥。雄は赤色、雌は黄色基調の姿をしています。北海道の平地では、冬季にナナカマドの実を食べに街路樹などにやってくることがありますが、数は少なく、俗に「10年に一度しか見られない鳥」などといわれます。本州以南での出現はまれです。雄成鳥の赤い色は紅色という表現がぴったりの鮮やかさで、少しピンク色が混ざった感じの赤。翼の一部や尾羽の黒褐色や白色、下腹の灰色が赤さを引き立て、一層美しく見えます。和名のギンザンは北海道後志(しりべし)地方の地名「銀山」に由来するという説もありますが、詳細は不明です。

マシコ＝猿子

標準和名　**ベニマシコ**
学　　名　*Uragus sibiricus*
英　　名　Long-tailed Rosefinch
英名の意味　長い尾の+マシコ《バラ+小鳥（フィンチ）》
漢字表記　紅猿子
分　　類　スズメ目アトリ科ベニマシコ属*
全　　長　15cm
撮影場所　日本　北海道　芽室市
撮影時期　5月14日
撮 影 者　宮本昌幸
*属名はギリシャ語「尾をもつ」または「後衛隊長」、種小名「シベリアの」

尾羽の長い小鳥で、雄成鳥は鮮やかな赤色が目立ちます。頭頂や頬などは白に近い淡紅色で、翼や尾羽の黒色とともに全体の赤色を引き立てています。夏羽※は冬羽※と比べてコントラストが明瞭で特に色が鮮やかです。本州以南では冬鳥で、北海道と東北地方の一部では夏鳥※ですので、色調が一層鮮やかな夏羽の姿を見るには夏に北日本を訪れるのがお勧めです。なお、雌は全身が褐色系の色合いで赤い部分はありません。草原性で、海岸草原※や農耕地、低木林などに普通に生息しています。「ピッポ、ピポポ」などと優しい声で鳴き、小さな嘴で草の種子など植物質のものを食べます。

※夏羽＝繁殖の時期の羽色
※冬羽＝繁殖期以外の羽色
※夏鳥＝春から夏に渡って来て繁殖し、秋に南方へ渡る鳥
※海岸草原＝強風や潮風、砂の移動などによって海沿いにできる草原

と呼ばれる

標準和名　**アカマシコ**
学　　名　*Carpodacus erythrinus*
英　　名　Common Rosefinch
英名の意味　通常の+マシコ《バラ+小鳥(フィンチ)》
漢字表記　赤猿子
分　　類　スズメ目アトリ科オオマシコ属*
全　　長　14cm
撮影場所　フィンランド
撮影時期　6月9日
撮 影 者　Daniele Occhiato(a)
*ギリシャ語で属名「果物をついばむもの」、種小名「赤い」

雄は頭部から胸、腹にかけて一様に赤い小鳥で、下腹は淡褐色ですが、他のアトリ科の赤い鳥に見られるような白斑(はくはん)や黒斑(こくはん)などの目立つ模様はありません。若いうちは緑色がかった褐色です。北海道、本州、四国、九州や日本海側の離島などで記録のある数の少ない旅鳥※です。「マシコ」とは猿を意味する古語で、猿の古名「まし」「ましら」に由来すると考えられます。そして、猿は顔が赤いことから「猿子」が赤い色の小鳥の呼び名に用いられるようになりました。

※旅鳥(たびどり)＝繁殖も越冬もせず、移動途中で立ち寄るだけの鳥

萩(はぎ)の花にたとえられる淡い紅色

標準和名　**ハギマシコ**
学　　名　*Leucosticte arctoa*
英　　名　Asian Rosy Finch
英名の意味　アジアの+バラ色の+小鳥(フィンチ)
漢字表記　萩猿子
分　　類　スズメ目アトリ科ハギマシコ属*
全　　長　16cm
撮影場所　日本　長野県　茅野市　蓼科高原
撮影時期　2月
撮　影　者　冨野哲広
*ギリシャ語で属名「白い斑点のある」、種小名「北方の」

翼の一部や腹、脇などのピンク色が特徴の小鳥で、この色を萩の花に見立てた和名が付けられました。ピンク色の部分は無数の斑紋(はんもん)のように見え、花びらを散らしたような印象で、的確な命名だと感じます。ピンク色の色調そのものも他の鳥には見られない独特なショッキングピンクです。後頭は黄褐色、頬などは濃灰色、嘴(くちばし)は黄色で、間近に見るととても多彩な、絶妙な配色美の鳥だと感じます。九州以北に渡来する冬鳥で、積雪の少ない草原や低山帯の沢沿いの崖地などに群れで現れ、草の種子などをついばみます。

名前は紅(べに)でも、白いベニヒワ

標準和名 **コベニヒワ**
学　　名 *Carduelis hornemanni*
英　　名 Arctic(or Hoary) Redpoll
英名の意味 北極(白い羽毛で覆われた)+ベニヒワ《赤+頭頂》
漢字表記 小紅鶸
分　　類 スズメ目アトリ科マヒワ属*
全　　長 13cm
撮影場所 カナダ　サスカトゥーン
撮影時期 2月19日
撮 影 者 Nick Saunders
*属名はラテン語「ゴシキヒワ」「アザミ(アーティチョーク)を好む鳥」、種小名は人名でデンマークの植物学者イェンス・ウィルケン・ホーネマンJens Wilken Hornemann(1770-1841)。アンデルセンは彼の自宅をたびたび訪れて話を聞き、「小さいイーダちゃんの花」など植物がテーマの作品を作った

ベニヒワによく似た小鳥ですが、ベニヒワよりもいくぶん小さく、額は赤くて、全体的にはより白っぽい姿をしています。日本では稀な冬鳥で、ベニヒワの群れに交じって少数がおもに北海道に渡来します。ベニヒワとの識別はなかなか難しいですが、額の赤い部分がベニヒワより小さく、雄でも胸の赤みはごくわずかです。また腰がはっきり白い点がコベニヒワの特徴です。平地から山地の草原や河畔林、海岸沿いなどに現れる点もベニヒワと同様です。

標準和名　**ベニヒワ**
学　　名　*Carduelis flammea*
英　　名　Common Redpoll
英名の意味　通常の+ベニヒワ《赤+頭頂》
漢字表記　紅鶸*1
分　　類　スズメ目アトリ科マヒワ属*2
全　　長　14cm
撮影場所　日本　北海道　苫小牧市
撮影時期　1月27日
撮 影 者　井上大介

*1　ニワトリの一種の名を弱々しい鳥として当てたもの、ヒワの語源は、微小(ひはやか)・弱々しいの意との説と、鳴き声説がある
*2　学名はラテン語で属名「ゴシキヒワ」「アザミ(アーティチョーク)を好む鳥」、種小名はラテン語「炎色の」

おもに北海道と本州北部に渡来する冬鳥(ふゆどり)で、雌雄とも額の赤いワンポイントが特徴です。雄はさらに喉から胸、脇も濃いピンク色で「紅色の鶸(ひわ)」の名がふさわしく感じられます。アトリ科には赤を基調とする鳥が多くいますが、ベニヒワは全体的には白っぽい色調がベースで、白と赤の対比が清楚な美をつくり出しているように感じられます。年によって渡来数の変動が大きく、全く見かけない冬もあれば、あちこちで姿を見る年もあります。草原では草の種子をついばみ、疎林(そりん)などではカラマツなどの種子を好んで食べます。

石川啄木を癒した赤い啄木鳥たち

標準和名 **アカゲラ**
学　　名 *Dendrocopos major*
英　　名 Great Spotted Woodpecker
英名の意味 大きい+斑点のある+キツツキ《木+つつく鳥》
漢字表記 赤啄木鳥*
分　　類 キツツキ目キツツキ科アカゲラ属
全　　長 24cm
撮影場所 日本　北海道　江別市
撮影時期 5月8日
撮 影 者 菅原美恵子(a)
*ケラは古名ケラツツキの略との説と、鳴き声によるとの説がある

赤と白と黒の配色のキツツキで、本州と四国、北海道に分布し、北日本では密度高く生息しています。黒や白の部分が大きいのに「赤啄木鳥」という名なのは、それだけ赤い色の印象が強いことを物語っています。雌雄とも下腹が赤いほか、雄は後頭も赤く、また、幼鳥は雌雄とも頭が赤い点が特徴です。ちなみに、明治時代の歌人石川啄木は、病床でアカゲラなどキツツキの木をたたく音に癒されて想いを寄せ、ペンネームに取り入れたそうです。木をたたいて穴を開けるキツツキのように時代の閉塞感に風穴を開けたいと願っていたとも伝えられています。

標準和名 **オオアカゲラ**
学　　名 *Dendrocopos leucotos*
英　　名 White-backed Woodpecker
英名の意味 白い背をした+キツツキ《木+つつく鳥》
漢字表記 大赤啄木鳥
分　　類 キツツキ目キツツキ科アカゲラ属
全　　長 28cm
撮影場所 日本　北海道
撮影時期 1月
撮 影 者 大野胖(a)

アカゲラに似ていますが、大型で、下腹の赤色が淡色であること、腹に黒い縦斑(じゅうはん)があること、翼の白斑(はくはん)の形が違うことなどが識別点になります。また、雄は頭頂の赤色の範囲が大きく、後頭から額にまで及びます。国内では北海道から奄美大島まで分布する留鳥(りゅうちょう)で、アカゲラ同様、平地から山地の森林に生息します。個体数はアカゲラよりずっと少なく、観察する機会は多くありません。アカゲラなど他のキツツキ類よりも樹木の高い位置に巣穴を掘る傾向があります。「キョッ、キョッ」とアカゲラと似た声で鳴きます。

標準和名 **コアカゲラ**
学　　名 *Dendrocopos minor*
英　　名 Lesser Spotted Woodpecker
英名の意味 小さい+斑点のある+キツツキ《木+つつく鳥》
漢字表記 小赤啄木鳥
分　　類 キツツキ目キツツキ科アカゲラ属
全　　長 16cm
撮影場所 日本　北海道　音更町
撮影時期 6月3日
撮 影 者 江口欣照(a)

コゲラより少し大きい程度の小型のキツツキ類で、羽色はアカゲラに似た印象ですが、下腹に赤色部はありません。雄は頭部が赤くて目立ちますが、雌は頭も赤くなく、全身が白と黒の配色です。国内では北海道のみに分布します。木の幹だけでなく、コゲラ同様、小さな体を利してつる植物や大型草本など細い枝にとまって小さな昆虫類やクモ類などを丹念に探し出して捕食します。疎林や河畔林などの明るい森に生息しますが、北海道でも分布は局地的です。「キッキッ」「キョッ、キョッ」などと鳴きますが、声を出すことは比較的少ないようです。

標準和名 **オーストンオオアカゲラ**
学　　名 *Dendrocopos leucotos owstoni*
英　　名 Owston's White-backed Woodpecker
漢字表記 オーストン(人名)の+白い背をした+キツツキ《木+つつく鳥》
分　　類 キツツキ目キツツキ科アカゲラ属
全　　長 29cm
撮影場所 日本　鹿児島県　奄美大島
撮影時期 3月25日
撮 影 者 江口欣照(a)

オオアカゲラの亜種※のひとつで、奄美大島だけに分布します。翼の白斑がとても小さくて黒色部が多いなど全体に濃色で黒っぽく見えます。赤色部も濃くて暗色です。国の天然記念物に指定されており、環境省のレッドリストでは絶滅危惧II類に分類されています。奄美大島中南部の常緑広葉樹林に生息しています。

※亜種=「種」の一段階下の分類階層のこと。同一種で、地理的に隔離され独自の進化によって形態に差異が認められるもの。オオアカゲラは、国内に4亜種がありますが、オーストンオオアカゲラ以外の3亜種は外観上の違いはわずかで、識別は困難です。

標準和名 **チャバラアカゲラ**
学　　名 *Dendrocopos hyperythrus*
英　　名 Rufous-bellied Woodpecker
英名の意味 赤褐色の腹をした+キツツキ《木+つつく鳥》
漢字表記 茶腹赤啄木鳥
分　　類 キツツキ目キツツキ科アカゲラ属
全　　長 24cm
撮影場所 ミャンマー
撮影時期 3月8日
撮 影 者 Martin Willis(a)

日本には分布しないキツツキですが、中国東北部などに繁殖分布があり、過去3回、日本海の島嶼部などで記録されたことがある迷鳥※です。頬から胸、腹にかけてオレンジ色がかった褐色で、下腹は赤く、雄は頭部も赤色です。翼は黒白模様で、体下面との対比が鮮やかです。中国東北部などの繁殖分布のほか、インド北部やネパール、ミャンマーなどに通年生息する分布地があります。

※迷鳥=本来の分布地から外れる地域に出現した鳥のこと

ナゾの野口さんの名をもつ沖縄だけに棲むキツツキ

標準和名　**ノグチゲラ**
学　　名　*Sapheopipo noguchii*
英　　名　Okinawa Woodpecker
英名の意味　沖縄+キツツキ《木+つつく鳥》
漢字表記　野口啄木鳥
分　　類　キツツキ目キツツキ科ノグチゲラ属*
全　　長　31cm
撮影場所　日本　沖縄県　国頭村
撮影時期　5月28日
撮 影 者　江口欣照(a)

*明確な証拠は示されていないが、ノグチゲラの名が明治初期の通詞・野口源之助に由来するという試論もある（『明治初期の「自然史」通詞 野口源之助:ノグチゲラの名前の由来（試論）』加藤克／北大植物園研究紀要=Bulletin of Botanic Garden, Hokkaido University, 6: 1-24 Issue Date 2006-08）

世界でも沖縄島北部の森林（山原(やんばる)の森）にのみ分布する稀少なキツツキで、国の特別天然記念物。環境省のレッドリストで絶滅危惧IA類。全体に黒褐色と赤褐色の色調ですが、雄の頭頂や胸以下の体下面などは暗赤色で、ワインレッドにも見えます。よく茂った暗い林内で生活し、スダジイなどの大木に巣穴を掘って繁殖します。昆虫類、クモ類などのほか木の実なども食べます。和名のノグチは、英国の鳥類学者シーボームによって新種記載された際の、標本個体の採集者の名に由来するといわれていますが、その人物像は不明です。

コンコンコンと戸を叩く？
夜の訪問者

標準和名　**リュウキュウヒクイナ**
学名　*Porzana fusca phaeopyga*
英名　Ryukyu Ruddy-breasted Crake
英名の意味　琉球+赤らんだ胸の+クイナ
漢字表記　琉球緋水鶏、琉球緋秧鶏
分類　ツル目クイナ科ヒメクイナ属*
全長　23cm
撮影場所　沖縄県　金武町
撮影時期　4月
撮影者　真木広造(O)
*属名はクイナのイタリア・ベニス地方の呼び名、ギリシャ語で種小名「暗色の」、亜種小名「黒ずんだお尻をした」

顔から体下面が赤っぽい色をしたクイナ類です。虹彩も赤く、体下面の暗めの朱色は他の鳥にはない渋い美しさです。ヒクイナは東北地方以北では夏鳥で、それ以南では留鳥です。国内では、九州以北で繁殖する亜種ヒクイナと、南西諸島に通年生息するこの亜種リュウキュウヒクイナが分布しますが、両者は見かけ上の違いがほとんどなく、識別は困難です。繁殖期には夜「コッ、コッ」と鳴き始め、テンポを速めて「コン、コン、コン、コン、コン、コン…」と鳴く大きな声が、昔は夏の風物詩として親しまれていました。詩歌の世界ではこれを夜の訪問者が戸をたたく音に例え、紫式部など著名な歌人が作品を残しています。

朱鷺色（ときいろ）

標準和名　**トキ**
学　　名　*Nipponia nippon*
英　　名　Crested Ibis
英名の意味　冠羽(かんう)のある+トキ
漢字表記　朱鷺、鴇
分　　類　ペリカン目トキ科トキ属
全　　長　77cm
撮影場所　日本　新潟県　新潟市
撮影時期　1月13日
撮 影 者　浪花徹 (a)

日本に生息していた野生のトキが絶滅したことは有名で、佐渡島でのその後の中国からの移入と、人工増殖の経緯もよく知られています。かつては農耕地の代表的な野鳥として、北海道から琉球諸島まで全国各地に分布していました。しかし、20世紀に入って急激に数を減らし、最後に残った佐渡島の5羽も1981年に人工増殖のために捕獲され、野生個体はいなくなりました。国外でも19世紀までは東アジアの広い範囲に生息していましたが、朝鮮半島で1978年、ロシアのウスリー川でも1981年を最後に生息確認が途絶えてしまい、現在は中国内陸部に局地的に分布地が残されているのみです。日本、中国、韓国で保護増殖のための飼育が行われていますが、いずれも中国産の子孫で、佐渡トキ保護センターでは2016年6月現在193羽が飼育されています。

薔薇色（ばらいろ）

標準和名　**バライロムクドリ**
学　　名　*Pastor roseus*
英　　名　Rosy Starling
英名の意味　バラ色の+ホシムクドリ
漢字表記　薔薇色椋鳥*1
分　　類　スズメ目ムクドリ科バライロムクドリ属*2
全　　長　20〜22cm
撮影場所　ギリシャ　ケルキニ湖
撮影時期　5月24日
撮影者　Martin Woike(a)
*1　椋鳥の名は古来、ムクノキ(椋の木)の実を食べることから
*2　ラテン語で属名「羊飼い」(羊の背に乗ってダニを捕るとされる習慣より)、種小名「バラ色の」

成鳥は背や腹などが淡いピンク色をしたムクドリ類の一種で、この色をバラの花になぞらえた和名が付けられました。頭部から胸にかけて、また翼や尾は紫光沢のある黒色で、全体としてツートーンの配色に見えます。繁殖分布は中央アジアや東ヨーロッパで、越冬分布はインドなど。日本は分布域から大きくはずれていますが、稀に飛来することがあり、これまで琉球諸島やトカラ列島、奄美大島のほか、東京都、島根県、高知県などで記録されています。鳴き声は「キュルル」「ジャー」などとムクドリに似たイメージです。

交喙の嘴を知る

標準和名 **イスカ**
学　　名 *Loxia curvirostra*
英　　名 Red Crossbill
英名の意味 赤+イスカ《交差+くちばし》
漢字表記 交喙、鶍
分　　類 スズメ目アトリ科イスカ属*
全　　長 17cm
撮影場所 日本　北海道　苫小牧市
撮影時期 1月19日
撮 影 者 和田剛一(a)
*属名はギリシャ語「交差した」、種小名はラテン語「曲がったくちばしをした」

交差した嘴が特徴の小鳥で、雄成鳥はほぼ全身が赤色です。イスカのこの赤色は朱色に近い渋い赤で、部分的に黄色みが感じられることがあります。イスカという名は、ねじれを意味する「いすかし」という古い形容詞が語源で、先端部が左右に曲がった特徴的な形の嘴を表しています。この嘴で松ぼっくりをこじ開けて中の種子を食べる鳥で、松の実を専門的に食べるためこのような形の嘴になったと考えられています。古来、物事や話が食い違っていることをこの嘴の形になぞらえ、「交喙(いすか)の嘴(はし)の食い違い」といわれてきました。針葉樹との結びつきが強く、松の実を求めて針葉樹林から針葉樹林へと移動しながら生活しています。東北地方の一部では留鳥ですが、おもに冬季に大陸から渡来した集団が全国で観察されます。

標準和名 **ナキイスカ**
学　　名 *Loxia leucoptera*
英　　名 Two-barred Crossbill
英名の意味 2本の縞(しま)の+イスカ《交差+くちばし》
漢字表記 鳴交喙、鳴鶍
分　　類 スズメ目アトリ科イスカ属*
全　　長 15cm
撮影場所 日本　北海道　北見市
撮影時期 4月16日
撮 影 者 大野胖(a)
*ギリシャ語で属名「交差した」、種小名は「白い翼の」と翼の白帯を表している

イスカに似た赤い小鳥で、やはり嘴(くちばし)が交差しています。赤いのは雄で、雌は黄色っぽい色調である点はイスカと同様ですが、雌雄とも翼に2本の白帯(はくたい)がある点がイスカと異なります。北アメリカ大陸とユーラシア大陸に広く分布しています。国内では稀にしか見られない冬鳥で、西日本にも飛来したことはありますが、記録は北海道や本州北部が中心です。イスカ同様、この特殊な嘴で松ぼっくりをこじ開けて種子を食べます。イスカより少し小さく、嘴も細めです。「ピョッ、ピョッ」という鳴き声はイスカに酷似しますが、名の由来はよく鳴くからではなく、「嶋交喙(しまいすか)」が誤記されたと考えられています。この場合の「嶋」は北海道のことを示します。

上を向いて歩こう口笛を吹きながら

標準和名 **アカウソ**
学　　名 *Pyrrhula pyrrhula rosacea*
英　　名 Eurasian Bullfinch
英名の意味 ユーラシアの+ウソ
《(牛のように)首がずんぐりとした+フィンチ》
漢字表記 赤鷽
分　　類 スズメ目アトリ科ウソ属*
全　　長 16cm
撮影場所 日本　北海道　森町
撮影時期 3月13日
撮 影 者 大橋弘一
*属名・種小名はギリシャ語「炎色の」もしくはアリストテレスが記した「虫を食べる鳥」とされ、亜種小名は「バラ色の」

ウソは日本では3亜種が観察されますが、アカウソはそのうちの1亜種で、雄は胸から腹にまで淡い紅色が入り、亜種ウソより華やかな印象があります。個体によっては背の灰色部分も赤みを帯びる場合があります。数少ない冬鳥で、北海道や本州などに渡来します。さらに、もうひとつの亜種ベニバラウソは胸から腹の紅色が頬と同じ色調の赤で、一層華やか。こちらは稀な冬鳥です。アカウソもベニバラウソも数が少なく、出会うチャンスはなかなかありませんが、モノトーンの雪景色によく映える美しさです。

標準和名　**ウソ**
学　　名　*Pyrrhula pyrrhula*
英　　名　Eurasian Bullfinch
英名の意味　ユーラシアの+ウソ
《(牛のように)首がずんぐりとした+フィンチ》
漢字表記　鷽、嘯鳥
分　　類　スズメ目アトリ科ウソ属
全　　長　16cm
撮影場所　日本　長野県　茅野市　八ケ岳
撮影時期　2月
撮 影 者　小野里隆夫(a)

雄の頬から喉にかけての紅色が目立つ森林性の小鳥です。全国的に漂鳥※または冬鳥で、冬は平地や山麓で、繁殖期には高山帯で姿を見かけます。全体に上品な雰囲気の姿をしています。木の実や芽、花など植物性のものを好んで食べ、春先には桜や梅の花芽を食べるため花見の名所では嫌われる存在となります。和名は、口笛を吹くことを意味する古語「嘯く」に由来するといわれています。「フィーフィー」という柔らかい鳴き声は確かに口笛のように聞こえます。

※漂鳥＝通年同じ地域に生息し、繁殖期は山地で、越冬期は平地で暮らす鳥

青色を愉しむ鳥

日本を代表する青色の鳥で、北海道から九州にかけて普通に渡来する夏鳥です。雄成鳥の青い色は、濃紺から空色まで、部位によって色調に幅があります。喉や胸は黒に近い紺色で腹は白いので、正面から見ると青い鳥という感じはあまりしませんが、逆に背面から見ると瑠璃（古代インドの青い宝石）の名がふさわしい真っ青な鳥に見えます。オオルリのこの青色には不思議な魅力があり、写真などでその色を知っていても、フィールドで実物に初めて出会うと改めてその美しさに引き込まれ、その感動を契機に野鳥観察を始める人が多くいます。なお、青いのは雄で、雌は褐色の目立たない姿です。

標準和名　**オオルリ**
学　　名　*Cyanoptila cyanomelana*
英　　名　Blue-and-white Flycatcher
英名の意味　青と白＋ヒタキ《虫＋つかまえるもの》
漢字表記　大瑠璃
分　　類　スズメ目ヒタキ科オオルリ属*
全　　長　16cm
撮影場所　日本　北海道　札幌市
撮影時期　5月12日
撮 影 者　大橋弘一
*ギリシャ語で属名「暗青色の羽」、種小名「暗青色＋黒・暗い」

瑠璃色（るりいろ）

標準和名	**コルリ**
学　　名	*Luscinia cyane*
英　　名	Siberian Blue Robin
英名の意味	シベリアの+青+コマドリ
漢字表記	小瑠璃
分　　類	スズメ目ヒタキ科ノゴマ属*
全　　長	14cm
撮影場所	石川県　舳倉島
撮影時期	5月
撮 影 者	真木広造(O)

*ラテン語で属名「ナイチンゲール(サヨナキドリ・小夜啼鳥)」、種小名「暗青色、群青色(sea blue)」

北海道から本州中部の森に渡来する夏鳥です。青い宝石「瑠璃」の名の付く鳥のひとつで、雄の青色と白色の配色が特徴です。喉以下の下面は白く、横から見ると上半分が青、下半分が白というコントラストのはっきりしたツートーンカラーの鳥です。コルリに限らず、羽が青く見えるのは色素ではなく、「構造色（こうぞうしょく）」によるものです。すなわち、羽毛の微細な構造によって光が干渉・反射するためにこのような青色に見えるのだそうです(98ページ参照)。森林の低層部で生活し、薮の中からなかなか出て来ないので、数が多い割には観察しづらい鳥として知られます。なお、青いのは雄成鳥で、雌はオリーブ色がかった褐色の地味な姿です。

標準和名　**ルリビタキ**
[ヒタキの語源は、鳴き声から、火焼(ひたき)や火打ち石を叩く音からとする説がある]
学　　名　*Tarsiger cyanurus*
英　　名　Red-flanked Bluetail
英名の意味　赤い脇をした+青い尾
漢字表記　瑠璃鶲
分　　類　スズメ目ヒタキ科ルリビタキ属*
全　　長　14cm
撮影場所　東京都　府中市
撮影時期　1月4日
撮 影 者　大橋弘一
*ギリシャ語で属名「跗蹠(ふしょ:足指の付け根からかかとまで、ヒトのすねに見える部分)の挙動・運ぶ」(直立して枝にとまることから)、種小名「暗青色の尾をもつ」

オオルリ、コルリと並ぶ日本の代表的な青い小鳥で、北海道・本州・四国の高い山で繁殖し、越冬期には平地や暖地に移動します。北海道東部では平地の針葉樹林でも繁殖しています。雄は青く、雌は褐色系の色調ですが、雄の青い色はオオルリなどよりも明るく、また脇の橙色も目立つため華やかな印象を受けます。じつはこの青い色は「大人の男」の証しで、若い雄は雌によく似た地味で目立たない姿をしており、このように美しい羽に生え換わるには、ふ化してから4年かかるといわれています。「ピチュチュリ、チュリリリリ…」などと美声ですが単調な声でさえずります。

標準和名 **カワセミ**
学　　名 *Alcedo atthis*
英　　名 Common Kingfisher
英名の意味 通常の+カワセミ《王+魚とり》
漢字表記 翡翠、翡翠、魚狗、川蟬
分　　類 ブッポウソウ目カワセミ科カワセミ属*
全　　長 17cm
撮影場所 イギリス　ミッドランズ
撮影時期 12月2日
撮 影 者 Mike Lane(a)

*属名はラテン語「カワセミ(=alcyon)」。元になったギリシャ語halkyonカワセミは、ギリシャ神話でハルキュオネーが神々の怒りでカワセミに変じたという伝説による。種小名のアッティスは、レスボス島の美しい若い女性(古代の女流詩人サッフォーのお気に入り)の名や、ガンジス川のニンフの息子で、ハンサムで豪華に着飾ったインドの若者の名との説や、「アテネ」という地域を指すとの説もある

翡翠色（ひすいいろ）の舞い

標準和名　**カワセミ**
撮影場所　イギリス　ウスターシャー州
撮影時期　3月24日
撮影者　Danny Green(a)

美しい鳥の代表ともいえる人気抜群の鳥で、コバルトブルーの鮮やかな色が特徴です。漢字で「翡翠」と書きますが、宝石のヒスイはカワセミの名が転用されて音読みされるようになったものです。また、雄が色鮮やかな鳥でも雌は地味な色彩という例が多い中、カワセミは雌雄とも同様の美しさで私たちを魅了します（ただし、雌は下嘴が赤みを帯びる）。水中に飛び込んで生きた魚を捕えるダイナミックな生態も広く知られており、美しい姿とともに人気の理由となっています。都市公園の池などでも小魚がいれば姿が見られます。本州以南では留鳥（りゅうちょう）で、北海道では夏鳥（なつどり）です。

標準和名 **ナンヨウショウビン**
学　　名 *Todiramphus chloris*
英　　名 Collared Kingfisher
英名の意味 襟付き+カワセミ《王+魚とり》
漢字表記 南洋翡翠
分　　類 ブッポウソウ目カワセミ科
ナンヨウショウビン属*
全　　長 24cm
撮影場所 シンガポール
撮影時期 1月7日
撮 影 者 宮本昌幸
*属名はラテン語todus小鳥+ギリシャ語rhamphos くちばし。種小名はギリシャ語で「春の女神、緑の象徴」で、アオカワラヒワを表すことも

東南アジアなどの赤道直下からオーストラリア大陸の北岸にかけて分布するカワセミ類で、熱帯雨林やマングローブ林から都市近郊の郊外地まで生息しています。国内では琉球列島で何例かの記録があるだけの迷鳥で、見る機会は滅多にありません。青と白の配色の鳥ですが、喉や腹などが白色で、頭部、背、翼、尾は、青緑、紺、群青、スカイブルーなど何種類かの青色系に彩られています。見る機会があったら青色の微妙な違いをじっくりと見比べてみたいものです。なお、亜種がとても多く、亜種によって羽色が異なりますが、上記は日本での記録があるフィリピンの亜種についての記載です。

標準和名　**ヤマショウビン**
学　　名　*Halcyon pileata*
英　　名　Black-capped Kingfisher
英名の意味　黒い帽子をかぶった+カワセミ《王+魚とり》
漢字表記　山翡翠
分　　類　ブッポウソウ目カワセミ科
アカショウビン属*
全　　長　30cm
撮影場所　タイ
撮影時期　12月18日
撮影者　Panu Ruangian(P)
*ギリシャ語で属名は、カワセミhalkyon(=alkyon)。ギリシャ神話でトラキス王ケーユクスの妻ハルキュオネー(アルキュオネー)は、幸福な家庭を神々にねたまれ、カワセミに変えられたという伝説に由来する。種小名はラテン語「帽子をかぶった」

赤、白、黒、橙などカラフルな彩りに満ちた大型のカワセミ類で、対馬や南西諸島などに渡来する数少ない旅鳥(たびどり)です。暗い林内にいて、湿地や河川などでカエル類や小型のカニなどを捕食します。色としては特に青色系の部分が印象的で、紫色みを帯びた紺色「茄子紺(なすこん)」のような色と評する人もいます。実際には日本の伝統色では「濃藍(こいあい)」に近い印象に思えます。目撃情報は春に多く、時折、日本で繁殖することがあります。繁殖成功例は2007年の福井県での事例が最初です。「キョロロロロロ」「キョロッ、キョロッ」と鳴きます。

標準和名　**アオショウビン**
学　　名　*Halcyon smyrnensis*
英　　名　White-throated Kingfisher
英名の意味　白いノドの+カワセミ《王+魚とり》
漢字表記　青翡翠
分　　類　ブッポウソウ目カワセミ科
アカショウビン属*
全　　長　28cm
撮影場所　シンガポール
撮影時期　1月11日
撮影者　宮本昌幸
*種小名はトルコ第3の都市イズミルの古名

東南アジアからインドにかけて分布し、日本へは春に西表島など先島諸島に数回現れたことがあるだけの迷鳥(めいちょう)です。濃い栗色と濃い水色の配色が印象的ですが、青い部分はコバルトブルーともいえる鮮やかな色で、濃密な色合いが特徴です。喉から胸にかけては白く、また、頭部から脇、下腹にかけての茶色く見える部分が面積的には広いので意外な和名に思えるかもしれませんが、それだけ独特な水色が鮮烈だということでしょう。「ヒレレレ…」「キロロロ…」「キャッ」などと鳴き、ふわふわした飛び方で直線的に飛びます。

淡い青色

標準和名　**シロハラゴジュウカラ**
学　　名　*Sitta europaea asiatica*
英　　名　Eurasian Nuthatch
英名の意味　ユーラシアの+ゴジュウカラ《木の実+叩き割る》
漢字表記　五十雀
分　　類　スズメ目ゴジュウカラ科ゴジュウカラ属*
全　　長　14cm
撮影場所　日本　北海道　旭川市
撮影時期　10月16日
撮 影 者　菅原美恵子(a)
*属名はギリシャ語でアリストテレスが記したキツツキのような鳥、種小名はラテン語「ヨーロッパの」で、ヨーロッパという名の語源の一つが、この鳥の語源でフェニキアの王女エウロパ、亜種小名は「アジアの」

体の上半分が灰色、下半分が白っぽい色合いの小鳥です。本州の亜種は脇などが橙色を帯びます。九州以北の山地や平地の森に通年生息しています。細身のサングラスをかけたような黒い過眼線※が目立ちますが、全体的には灰色の鳥といった印象であり、この灰色はわずかに青色みを帯びて見えるかもしれません。木の幹を下向きに歩ける鳥で、首を上げた時に体上面のラインが一直線になります。頭を下向きにしたまま木の幹を歩き降りることができる鳥はゴジュウカラだけ。他の鳥が決して真似できない特別なワザといえます。

※過眼線(かがんせん)＝目を通る線状の模様

標準和名　**オナガ**
学　　名　*Cyanopica cyanus*
英　　名　Azure-winged Magpie
英名の意味　空色の翼をもつ+カササギ
漢字表記　尾長
分　　類　スズメ目カラス科オナガ属*
全　　長　37cm
撮影場所　山形県　河北町
撮影時期　2月
撮 影 者　真木広造(O)
*学名のCyanは色のシアンの意味で、古代ギリシャの暗青色kyanosに由来し、picaは同じカラス科のカササギのこと

国内では関東地方から甲信越地方などを中心に分布する留鳥(りゅうちょう)で、尾羽がとても長く、全長の半分近くを占めるほど。農村や人里の鳥で、生息地では住宅街や庭先にも現われて柿の実を食べたりする身近な鳥ですが、かつては「武蔵野の特産種」といわれたほど分布は局地的です。長い尾羽と翼を彩る水色は他の鳥にはない独特な青系の色彩で、淡い色ながら鳥の体全体を思いのほか引き立たせるような存在感があります。帽子をかぶったような黒い頭も印象的。そんな美しい姿なのですが、「ゲーイ、ゲイゲイ」「ギューイ、キュルキュル」などとやかましく鳴きます。

海辺の

標準和名 **イソヒヨドリ**
学　　名 *Monticola solitarius philippensis*
英　　名 Blue Rock Thrush
英名の意味 青+岩+ツグミ(愛・内気・知恵などの象徴)
漢字表記 磯鵯
分　　類 スズメ目ヒタキ科イソヒヨドリ属*
全　　長 23cm
撮影場所 日本　沖縄県　宮古島
撮影時期 3月29日
撮 影 者 本若博次(a)
*属名はラテン語「山に棲むもの」、種小名は単独でいることが多いので、英語solitaryの語源でラテン語「孤独な」、亜種小名は「フィリピン産の」

全国的に海岸の岩場や崖地などに棲む留鳥(りゅうちょう)で、沖縄では特に数多く見られます。北海道では夏鳥(なつどり)。雄の頭から胸、背から尾羽にかけての明るい青色が特徴で、腹部のレンガ色との組み合わせが南国情緒を醸し出します。一年中同じ羽色(うしょく)ですが、青色は5〜6月頃が最も色鮮やかで、秋頃にはやや色あせた印象になります。また、雌は全身灰褐色でまるで別の鳥のようです。岩の高い所や海岸の民家の屋根などにとまり、よく通る美声で「ヒヨチーチヨチビ、ツィチージジ」などと複雑にさえずります。大型昆虫やトカゲなど、体の大きさの割に大きな獲物を捕食することもあります。

青い鳥

標準和名	**アオハライソヒヨドリ**
学名	*Monticola solitarius pandoo*
英名	Blue Rock Thrush
英名の意味	青+岩+ツグミ(愛・内気・知恵などの象徴)
漢字表記	青腹磯鵯
分類	スズメ目ヒタキ科イソヒヨドリ属*
全長	22cm
撮影場所	日本　沖縄県　石垣島
撮影時期	3月26日
撮影者	本若博次(a)

*亜種小名は、インド西部マハーラーシュートラ州の公用語マラーティー語での名前panduより

イソヒヨドリの亜種で、亜種イソヒヨドリよりも少し小型で、雄は腹部も含め全身が青いことが特徴です。背面はもちろん正面から見ても横から見ても、まさに「青い鳥」です。ただし、日本では簡単に見られる鳥ではなく、分布はヨーロッパから中国にかけて。国内では南西諸島などに稀に渡来する迷鳥(めいちょう)で、本州や九州、小笠原諸島、トカラ列島などでも記録があります。

青い夏鳥

標準和名	**ブッポウソウ**
学名	*Eurystomus orientalis*
英名	Oriental Dollarbird
英名の意味	東洋の+ブッポウソウ 《ドル+鳥(両翼にドル硬貨ほどの斑点があるため)》
漢字表記	仏法僧
分類	ブッポウソウ目ブッポウソウ科ブッポウソウ属*
全長	30cm
撮影場所	日本　新潟県　松之山
撮影時期	7月28日
撮影者	高橋喜代治(a)

*属名はギリシャ語「広い口の(eurus広い+stoma口)」、種小名はラテン語「東方の」

全体的に黒っぽく見え、ハトほどの大きさで、日本で唯一のブッポウソウ科の鳥です。本州、四国、九州に渡来する夏鳥で、平地から山地の林や寺社の林などに生息します。南西諸島では迷鳥です。羽色は頭部が黒褐色で、体上面や下面は濃い青や緑色に見える構造色です。翼には水色の斑があり、紫色光沢に見える部分もあります。嘴と足は朱色です。枝先から飛び立ち、トンボ類など大型昆虫をよく空中で捕えます。キツツキ類の古巣など樹洞に営巣し、「ゲェ、ゲゲゲ」などと鳴きます。

南の島の青い鳥

標準和名	**ルリカケス**
学名	*Garrulus lidthi*
英名	Lidth's Jay
英名の意味	リドス(人名)のカケス[古英語おしゃべり]*
漢字表記	瑠璃橿鳥、瑠璃懸巣
分類	スズメ目カラス科カケス属
全長	38cm
撮影場所	日本　鹿児島県　奄美大島
撮影時期	3月8日
撮影者	松村伸夫

*英名はリーツ・ジェイと発音する。種小名と英名はオランダの動物学者テオドール・ヘラルト・フォン・リドス・デ・ジュードTheodoor Gerard van Lidth de Jeude (1788-1863)に由来。属名はラテン語で「おしゃべりな」

奄美大島周辺の島にのみ分布する、日本固有種※のひとつです。頭部や翼などの青紫色が和名の由来ですが、この色はオオルリなどの瑠璃色とは少し違う色で、光の当たり方によって濃い青色に見えたり赤みがかった紫色に見えたりします。語源となった瑠璃という宝石(ラピスラズリ)の色は、オオルリの色よりもルリカケスの色に近いといわれています。常緑広葉樹林や農耕地、人家付近の林などに生息し、地上を跳ね歩いたり、枝から枝へ飛び移ったりしながら昆虫類やどんぐりなど、動物質のものも植物質のものも食べます。「ジャー」「ガーァ」「キャー」などいろいろな声を出します。

※日本固有種＝日本国内だけに生息する種

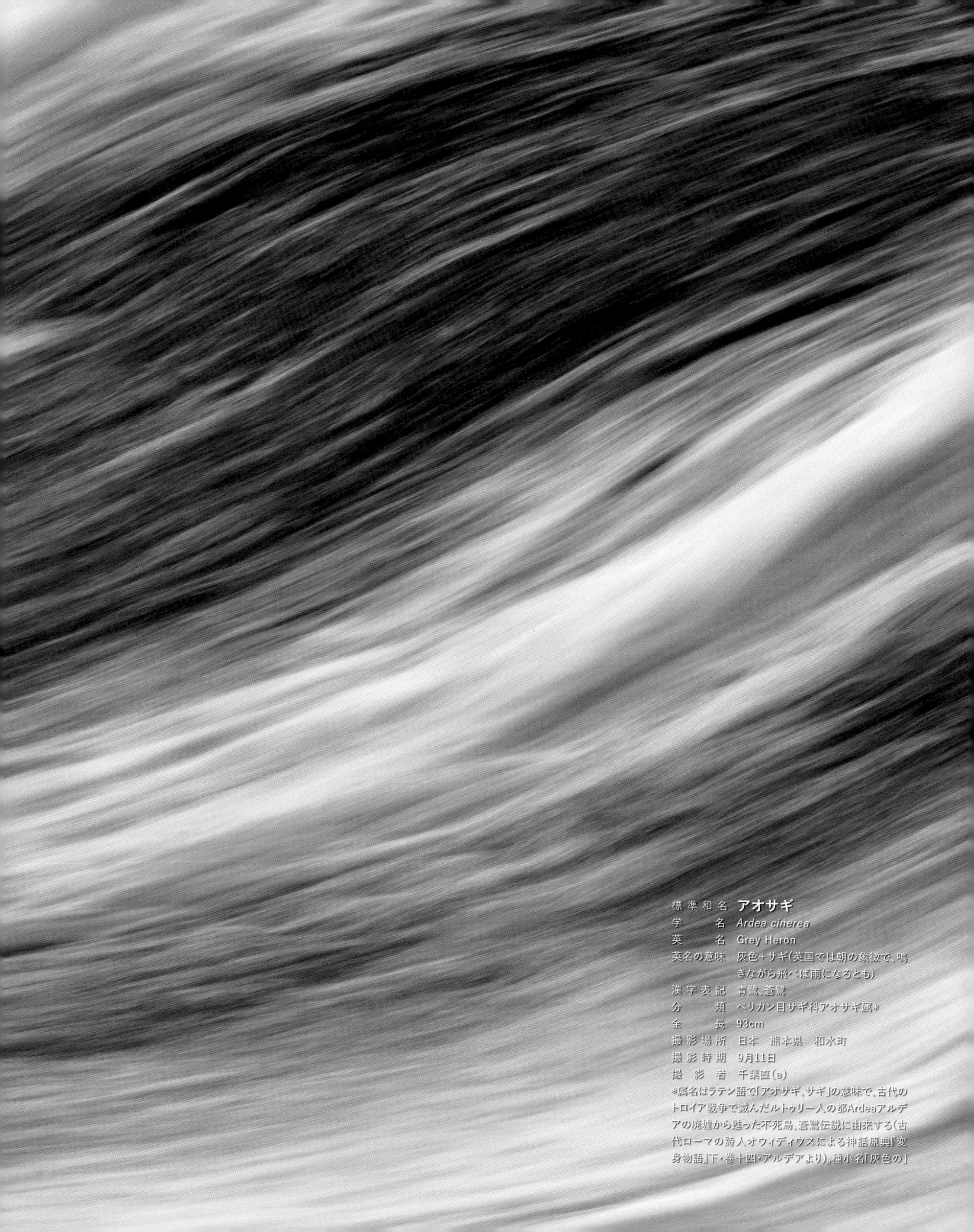

標準和名	**アオサギ**
学名	*Ardea cinerea*
英名	Grey Heron
英名の意味	灰色+サギ(英国では朝の象徴で、鳴きながら飛べば雨になるとも)
漢字表記	青鷺、蒼鷺
分類	ペリカン目サギ科アオサギ属*
全長	93cm
撮影場所	日本　熊本県　和水町
撮影時期	9月11日
撮影者	千葉直(a)

*属名はラテン語で「アオサギ、サギ」の意味で、古代のトロイア戦争で滅んだルトゥリー人の都Ardeaアルデアの廃墟から甦った不死鳥、蒼鷺伝説に由来する(古代ローマの詩人オウィディウスによる神話原典『変身物語』下・巻十四・アルデアより)。種小名「灰色の」

水鳥の蒼(あお)

標準和名 **アオサギ**
学　　名 *Ardea cinerea*
英　　名 Grey Heron
撮影場所 日本　東京都　あきる野市
撮影時期 5月22日
撮 影 者 江口欣照(a)

日本のサギ類の中で最大の種で、全国に分布します。背や翼の一部などが灰色基調でわずかに青みを帯びた色合いであることから、この名が付けられました。青といえばブルーと思いがちな現代人にはわかりにくいかもしれませんが、青ざめた顔色などを表現する「蒼」という字が、この鳥の色を示すのにぴったりで、伝統的な色の呼び名が活かされた和名の例といえます。婚姻色※では嘴(くちばし)や目先、足は赤くなり、全体的に鮮やかな色彩になります。湿地、水田、海岸、湖沼などの水辺に生息し、魚やカエル類などを捕食します。

※婚姻色(こんいんしょく)＝繁殖期に嘴や足などが鮮やかな色になること

標準和名　**オナガガモ**
学　　名　*Anas acuta*
英　　名　Northern Pintail
英名の意味　北の+オナガガモ《ピン+尾》
（長い先のとがった尾をもつ鳥の総称）
漢字表記　尾長鴨
分　　類　カモ目カモ科マガモ属*
全　　長　雄75cm　雌53cm
撮影場所　日本　長野県　安曇野市　豊科
撮影者　今井悟(a)
*ラテン語で属名「カモ」、種小名「鋭く尖った」

全国の淡水域に数多く渡来するカモ類で、都市公園の池などでもよく見かけます。その名のとおり、ピンと伸びた雄の長い尾羽が特徴ですが、それ以外にはあまり目立つ特徴は感じられないかもしれません。確かに灰色、黒、白といった無彩色の部分が多く、頭部もチョコレート色で渋い配色といったイメージです。でも、よく見ると背や脇などは細かい小紋模様になっており、嘴(くちばし)の上の両側に青みがあって、目立たない美しさがあります。水底の植物の種子や水草などを食べます。雄は「ホロッホロッ」、雌は「グェグェ」と鳴きます。雌も他のカモ類の雌より尾羽が長めです。

日本の伝統色になった鳥

標準和名　**スズメ**
学　　名　*Passer montanus*
英　　名　Eurasian Tree Sparrow
英名の意味　ユーラシアの+木+スズメ
（愛情やおしゃべり、好色の象徴）
漢字表記　雀
分　　類　スズメ目スズメ科スズメ属*
全　　長　15cm
撮影場所　日本　北海道
撮影時期　12月30日
撮 影 者　Dickie Duckett(a)
*ラテン語で属名「スズメ」、種小名「山の」

誰からも最も親しまれている野鳥です。採食（さいしょく）の面でも、繁殖の場所としても、さらに外敵防除の点からも、人の生活圏をうまく利用して暮らしています。人のいる所に必ずといっていいほどスズメが棲んでいるのです。その姿はというと、つい茶色い鳥と考えがちですが、よく見ると白や黒の部分もあって、全身が茶色というわけではありません。茶色い部分も頭部は少し鮮やかで、背や脇は淡茶色など、部位によって微妙に異なります。日本の伝統色にはやや赤みを帯びた茶色「雀茶」があり、まさにスズメの頭の色です。もともと雀色と呼ばれていたようですが、江戸時代にいろいろな茶色が流行した際に、他の色との区別のためにこう呼ばれるようになったそうです。

雀茶（すずめちゃ）

鶯色（うぐいすいろ）

「ホー、ホケキョ」の鳴き声で誰もが良く知る小鳥です。全国に分布し、本州以南で留鳥（りゅうちょう）または漂鳥（ひょうちょう）で、北海道では夏鳥（なつどり）です。笹薮の中に潜むようにして暮らしているため、数が多い割には姿を見る機会はなかなかありません。昆虫類やクモ類などを捕食します。灰色がかった茶褐色基調の羽色（うしょく）で、体上面はやや黄緑色みを帯びます。伝統色の「鶯色」は灰色みを帯びた緑褐色で、実際のウグイスの色に近い色です。時折、黄緑色に近い鮮やかな色を鶯色と呼ぶ誤用が見られますが、これはメジロとウグイスの取り違いが原因といわれています。

標準和名　**ウグイス**
学名　*Cettia diphone*
英名　Japanese Bush Warbler
英名の意味　日本+低木+さえずる鳥
漢字表記　鶯、報春鳥（江戸時代）
分類　スズメ目ウグイス科ウグイス属*
全長　雄16cm　雌14cm
撮影場所　日本　東京
撮影時期　2月
撮影者　井田俊明（a）

*属名は人名でイタリアの動物学者・数学者フランチェスコ・チェッティ（セッティ）Francesco Cetti（1726−1778）、種小名はギリシャ語「たくさんの声」

山鳩色（やまばといろ）

標準和名　**キジバト**
学　　名　*Streptopelia orientalis*
英　　名　Oriental Turtle Dove
英名の意味　東洋の+コキジバト、キジバト属の総称
漢字表記　雉鳩
分　　類　ハト目ハト科キジバト属*
全　　長　33cm
撮影場所　日本　山梨県　富士山　奥庭
撮影時期　8月
撮 影 者　行田哲夫(a)
*属名はギリシャ語「首輪を付けたハト」、種小名はラテン語「東方の」

俗に"山鳩"と呼ばれる数多いハトで、全国に広く分布しています。農耕地や疎林（そりん）から住宅街の公園まで、観察の機会の多い身近な野生のハトです。本州以南で留鳥（りゅうちょう）または漂鳥（ひょうちょう）で、北海道では夏鳥（なつどり）。南西諸島には亜種リュウキュウキジバトが分布しています。鱗状に見える翼の模様が雌キジに似ていることが和名の由来となりました。伝統色の「山鳩色」は濃い灰色で、キジバトの色調とは思えません。じつはこの色は少し黄色と緑色が入った灰色だそうで、キジバトの体の色を印象的に示した色名なのかもしれません。

鳶色（とびいろ）

標準和名 **トビ**
学　　名 *Milvus migrans*
英　　名 Black Kite
英名の意味 黒い+トビ(凧)
漢字表記 鳶、江戸時代から"とんび"とも呼ばれる
分　　類 タカ目タカ科トビ属*
全　　長 雄59cm　雌69cm
撮影場所 日本　北海道　川上郡　弟子屈町　屈斜路湖畔
撮影時期 2月
撮 影 者 山田智一(a)
*ラテン語で属名「トビ」、種小名「渡り」

身近な大型のタカで、輪を描いて飛び「ピーヒョロロ…」と鳴くことが広く知られています。全国的に分布する留鳥（りゅうちょう）ですが、南西諸島ではまれな冬鳥（ふゆどり）です。海岸、河口、農耕地、山地や森林など様々な環境に生息し、タカ類の中では群を抜いて観察機会の多い鳥です。魚などの死骸から昆虫、小動物、人間が捨てた残飯などまで幅広い食性をもちます。伝統色「鳶色」は紫色がかった茶色で、アズキ色に近いイメージです。実際のトビの羽色（うしょく）は全体的に茶褐色基調ですが、紫色みは感じられません。翼の下面に大きな白斑（はくはん）があることと、尾羽を広げた時、直線的に切れたような形になることが特徴です。

鶸色（ひわいろ）

標準和名　**マヒワ**
学　　名　*Carduelis spinus*
英　　名　Eurasian Siskin
英名の意味　ユーラシアの+ヒワ、マヒワ
漢字表記　真鶸*1
分　　類　スズメ目アトリ科マヒワ属*2
全　　長　13cm
撮影場所　日本　石川県
撮影時期　10月10日
撮 影 者　高橋喜代治(a)

*1　ニワトリの一種の名を弱々しい鳥として当てたもの、ヒワの語源は、微小(ひはやか)・弱々しいの意との説と、鳴き声説がある
*2　属名はラテン語「ゴシキヒワ」、種小名はギリシャ語spinosより古代から未確認の鳥

スズメよりもだいぶ小柄で、華奢な感じのする可憐な小鳥です。冬鳥（ふゆどり）として全国に飛来し、葉の落ちた明るい森ではハンノキやシラカバ、カラマツなどの樹木の種子を好んで食べ、河原や草原では草の小粒な種子をついばみます。全体としては黄色基調の羽色（うしょく）をしていて、雄は頭頂や翼の一部などの黒色部と黄色部とのコントラストがはっきりしています。背はやや緑色みを帯び、伝統色「鶸色」はこれをよく表しています。雌は黄色が淡く、体下面など白い部分もあり全体的に優しいイメージの色調です。春先には高い声で「チュルチュルチーチーチュイーン」などというさえずりを聞く機会があります。

紅鶸色

標準和名	**ベニヒワ**
学名	*Carduelis flammea*
英名	Common Redpoll
英名の意味	通常の+ベニヒワ《赤+頭頂》
漢字表記	紅鶸
分類	スズメ目アトリ科マヒワ属*
全長	13cm
撮影場所	日本　北海道　川上郡　弟子屈町
撮影時期	2月23日
撮影者	江口欣照(a)

*ラテン語で属名「ゴシキヒワ」、種小名「炎色の」

日本の伝統色に「紅鶸色」があり、ほんの少し紫色みを帯びた濃いピンク色を指します。これはベニヒワの額の紅色を再現した色だといわれ、明るい華やかな色彩として現代でも人気があり、帯締めなどの小物の色によく用いられます。ベニヒワの雌は、全体的には白っぽく、紅色は額のワンポイントに過ぎません。実物のベニヒワに習ったわけではないかもしれませんが、和装の色使いとしても、強い印象を与えるこの色を全体に広く使うのではなく、小物で小さく使って引き締めるのがおしゃれな使い方なのでしょう。

鴨(かも)の羽(は)色(いろ)

標準和名　**トモエガモ**
学　　名　*Anas formosa*
英　　名　Baikal Teal
英名の意味　バイカル湖+コガモ、小型のカモ、暗青緑色
漢字表記　巴鴨
分　　類　カモ目カモ科マガモ属*
全　　長　40cm
撮影場所　日本　東京都
撮影時期　2月
撮 影 者　井田俊明(a)
*ラテン語で属名「カモ」、種小名「美しい」

雄の顔が独特な模様になっているカモ類で、この模様を伝統的な「巴」の文様に見立てた和名が付けられています。全国的に数少ない冬鳥(ふゆどり)で、沖縄県では迷鳥(めいちょう)です。おもに北陸地方など日本海側の湖沼に局地的に渡来し、太平洋側では少ないようです。近年は、絶滅が危惧されるまでに減ってしまいました。巴の文様は渦巻く水を表したもので、鎌倉時代から家紋によく用いられるようになり広まりました。元来は八幡神社の神紋(しんもん)であり、源頼朝の時代から八幡神は源氏の守り神と位置づけられたため、武家の家紋に多く用いられるようになったのです。ちなみに、トモエガモの顔に見られる緑色や淡黄色といった色彩は、巴紋(ともえもん)とは無関係です。

標準和名　**マガモ**
学　　名　*Anas platyrhynchos*
英　　名　Mallard
英名の意味　マガモ
漢字表記　真鴨
分　　類　カモ目カモ科マガモ属*
全　　長　59cm
撮影場所　日本　北海道　網走市
撮影時期　2月8日
撮 影 者　武田晋一(a)
*属名はラテン語「カモ」、種小名はギリシャ語「広い嘴(くちばし)の」

雄の頭部が緑色をした淡水ガモ類※で、全国でごく普通に見られる冬鳥(ふゆどり)ですが、北海道では留鳥(りゅうちょう)です。雄の頭部の緑色には美しい光沢があり、俗に「あおくび」と呼ばれるのは、この緑色が印象的であることを伝えています。昔から「みどり」を「あお」と呼ぶのは、青と緑の区別があまりなかったからです。雌は目立つ色彩のない地味な姿ですが、翼鏡※は青紫色です。公園の池や湖沼、河口から海浜にまで姿が見られます。鴨の羽色とはカモの首まわりなど光沢のある羽毛の青緑色のことです。

※淡水ガモ類＝おもに淡水域に生息するカモ類のことで、水面採食ガモとも呼ばれます。海ガモ類(潜水ガモ)と対比される用語
※翼鏡(よくきょう)＝淡水ガモ類の翼の一部にある金属光沢
青や緑色などの色のものが多く、識別に役立ちます

孔雀青・孔雀緑

推古天皇が新羅から献上された鳥

標準和名　**インドクジャク**
学名　*Pavo cristatus*
英名　Indian Peafowl
英名の意味　インドの+クジャク
漢字表記　印度孔雀
分類　キジ目キジ科クジャク属*
全長　雄230cm　雌180cm
撮影場所　ドイツ　ビオトープ野生動物公園アンホルター・シュバイツ
撮影時期　4月19日
撮影者　Jelger Herder(a)
*ラテン語で属名peacock「(雄の)クジャク」、種小名「飾り羽をもった」

インドとその周辺に分布するクジャク類の一種。一般にクジャクといえば本種を指します。雄は繁殖期に飾り羽を大きく広げることがよく知られており、世界中の動物園などで飼育されてきました。日本でも古くは新羅から推古天皇へ献上された記録があり、飼い鳥として長い歴史があります。近年は逃げ出したものが各地で野生化しており、大隅諸島や先島諸島などでは在来の生態系に悪影響を与えているので、緊急対策外来種に指定され、駆除されています。植物の芽や種子、果実から昆虫、両生類、爬虫類、小型哺乳類まで食べる幅広い食性をもち、稀少な生物を捕食するほか、在来の鳥との餌資源の競合も指摘されています。色名は英語の和訳で、孔雀青(peacock blue)は光沢のある緑色を帯びた青色、孔雀緑は黄緑色を表します。

鸚緑（おうりょく）

水戸光圀公が個人輸入したオウム

標準和名　**ゴシキセイガイインコ**
学　　名　*Trichoglossus haematodus*
英　　名　Rainbow Lorikeet
英名の意味　虹+ヒインコ類(の小型のもの)
漢字表記　五色青灰鸚哥
分　　類　オウム目オウム科Trichoglossus属*
全　　長　25〜30cm
撮影場所　オーストラリア　ニューサウスウェールズ州
撮影時期　9月25日
撮 影 者　Jan Wegener(a)
*ギリシャ語で属名「毛+舌(舌に毛状突起がある)」、種小名「血のように赤い」

オーストラリアやパプアニューギニアなどに分布するインコ類。多くの亜種があり、分類の考え方も定まっていません。羽色（うしょく）も様々ですが、「五色」の名のとおり華やかな原色系のカラフルな姿をしています。人に慣れやすいため飼い鳥として人気があり、ペットショップのホームページなどには「南国風の美しい姿」「人懐こい性格」「明るくアクティブな性質」「しぐさが可愛い」など、完全に飼い鳥としての宣伝文句が並んでいます。花の蜜や花粉を食べる、ヒインコ類の一種です。江戸時代には、好奇心旺盛な水戸光圀公が輸入して飼育したなどという話も伝わっています。色名の鸚緑(parrot green)とは、オウム類の羽のように鮮やかな黄緑のことです。

日本の伝統色名になった鳥の色

中野富美子
フリーライター・編集者

自然を映す日本の伝統色名

緑豊かな日本では、古来、アイやベニバナなどの植物から、さまざまな色を得ていた。また、桜色や氷襲など、自然の彩りを映す色の言葉で微妙な色彩をあらわしてきた。

清少納言は『枕草子』のなかで、「すさまじきもの」として「三四月の紅梅の衣」といい、季節遅れの彩りを「興ざめだ」と厳しく指摘している。

『古事記』『万葉集』のなかの、鳥に由来する色彩表現

植物に由来する色名が多いなか、美しい鳥の色に由来する色の表現もある。

『古事記』には、「鴗鳥の青き御衣をまつぶさに取り装ひ」と、鴗鳥のような青い衣という表現がある。大国主神が大和の国に出陣するため、あれこれ衣を選ぶくだりだ。

『万葉集』には、「みづどりの鴨の羽の色の春山のおぼつかなくも思ほゆるかも」という笠女郎の歌がある。春山の色をカモの羽の色で表現している。

カワセミもカモも、身近で美しい鳥として色の表現に登場していたのだ。

江戸時代に花開いた鳥の色名

「山鳩色の御衣にびんづら結はせ給ひて、御涙におぼれ、ちいさくうつくしき御手を合せ、まづ東に向はせ給て、伊勢大神宮に御暇申させ給ひ」

これは鎌倉時代の軍記物語『平家物語』の「先帝身投」。幼い安徳天皇が壇ノ浦で、祖母である二位殿に抱かれて入水するときの描写だ。「山鳩色」の衣を着て、小さく美しい手を合わせて伊勢神宮においとまを申し上げたとある。

このように、鳥は古くから色の表現として登場するが、色名としては圧倒的に植物に由来するものが多く、鳥の色に由来する色名がたくさん使われるようになったのは、江戸時代になってからだ。

江戸時代は、「四十八茶百鼠」といわれるほど茶色と鼠色が流行した。近世の色名は300ほどあるなかで、「○○茶」は60以上、「○○鼠」は30以上もあり、茶と鼠が全ての色名の3分の1ほどを占めていたという。そのなかで、鳥の色に由来する色名もたくさん生まれた。

「ひわ茶、とび色、むらさき小紋、その外、かわりじま、たてじま、よこじまのねずみ出る」（黄表紙『無益委記』恋川春町）や「春知り顔に七つ屋の蔵の戸出づる 鶯 茶の。布子の袖を」（浄瑠璃『山崎與次兵衛 壽の門松』近松門左衛門）など、「鶸茶」「鳶色」「鶯茶」などの色名が数多く登場する。江戸時代にもてはやされた「粋」や「侘び」「寂び」を表現するのに、ぴったりの色だったのだ。

また、美しい髪の表現に、「鳥の濡れ羽色」がある。「声は鶯 身は細柳 髪は烏の 濡れ羽色 」（都都逸）や 、「あれが八百屋の色娘 髪は烏の濡れ羽色 目元ぱっちり 色白で」（春歌『八百屋お七』）など。カラスの羽のように黒く、さらに濡れたようにしっとりとつややかな髪が、美女の条件だった。「烏羽色」という色名もある。

賢治の色彩表現

自然を愛し、豊かな色彩表現でたくさんの作品を遺した宮沢賢治（1896-1933）は、その作品のなかで、さまざまな色名を使っている。

詩集『春と修羅』のなかだけでも、「ひはいろのやはらかな山」「とびいろのはたけがゆるやかに傾斜して」「から松はとびいろのすてきな脚」「並樹ざくらの天狗巣には／……／みづみづした鶯いろの弱いのもある」（「小岩井農場」）「第一おまへがここより東／鶯いろに装ほひて／連亙遠き地塊を覆ひ」（「県技師の雲に対するステートメント」）「鶯がないて／花樹はときいろの焔をあげ」（「遠足統率」）「鴇いろのはるの樹液」（「原体剣舞連」）「その背のなだらかな丘陵の鴇いろは／いちめんのやなぎらんの花だ」（「オホーツク挽歌」）など、さまざまな鳥に由来する色名で自然を表現している。

「鴇色」と「雀色時」

私たちは、化学染料が生まれるまで、花びらや草の根、木の皮や鉱物などから色を得ていた。それは、とても手間のかかる作業だ。そのなかで、微妙な色の違いを大切にして、自然の彩りに由来する豊かな色彩表現をもっていた。

賢治の作品にも数多く登場する「鴇色」もそのひとつ。トキが大空を飛ぶときに見せる風切り羽の淡い紅色で、江戸時代から昭和の初めまでは、だれでも知っていた色の名前だ。

与謝野晶子の『みだれ髪』に収められた「とき髪に室むつまじの百合のかをり消えをあやぶむ夜の薄紅色よ」や、「薔薇」（北原白秋）の「薔薇は薄紅いろ、なかほどあかい」など、短歌や童謡にもみられる。

トキが大空を飛ぶ姿は、日常の暮らしのなかにあり、「鴇色」といえば、だれでもすぐにその色を思うことができたのだ。

「雀色時」という言葉をご存じだろうか。スズメの頭や羽の色のように、空が薄暗くなった黄昏時のことをあらわす言葉だ。

「小篠(いささ)むら竹夕くれて、塒(ねぐら)もとむる友鳥の、雀いろ時になりにけり」(『椿説弓張月』滝沢馬琴)や「雀色時の靄の中を、やつと、この館へ辿りついて、長櫃に起こしてある、炭火の赤い焔を見た時の、ほっとした心もち」(『芋粥』芥川龍之介)などにも使われている。

柳田國男は『妖怪談義』のなかで、「黄昏を雀色時といふことは、誰が言ひ始めたか知らぬが、日本人で無ければこしらへられぬ新語であつた」と述べている。

伝統色名が生きる感性

現在、トキだけでなくスズメまでもが、その数を減らしているという報告がある。そして、「鴇色」や「雀色」だけでなく、「鶯色」や「山鳩色」、「鳶色」や「鶸色」などの色名も、日常から失われつつある。

私事になるが、もう30年以上も昔、その日、私が着ていたうす紅色のシャツを見て、明治生まれの祖母が言った言葉が忘れられない。「あら、きれいなトキイロだこと」。初めて聞くその色名が強く心に残り、色彩や色の名前に興味をもつきっかけになった。

長年、日本文学のなかの伝統色名を研究してきた伊原昭(いはらあき)氏は、2011年、94歳のときに出版された『色へのことばをのこしたい』(笠間書院)という著書の装丁で、表紙にトキ、裏表紙にスズメの絵を描くことを依頼された。そして、「現今、私たちの周辺には、溢れるばかり多く、色、色がみられるのに、逆に、それらの彩(いろどり)をあらわす色の名称を、ほとんど聞くことがない、という現実に驚いている」と述べ、「この「とき色」などのような、古代からの日本的な多くの色の名称に関心がもたれ、ときが保護されたように、「色へのことば」が消滅寸前から少しでも、今、そして今後の日本にのこされてほしいと念願している」と訴えている。

美しい日本の自然のなかで生まれた、鳥の色に由来する伝統色名。その色名が生きることは、色に対する細やかで豊かな感性が、生きることなのではないだろうか。

伝統色名	色の説明	時代や用途など
朱鷺色(ときいろ)	トキの翼の内側や、風切り羽などのような淡い桃色。「鴇色」、「鴇羽色」ともいう	江戸時代から染色されていたと思われる 女性の和服の色としても人気
鶯色(うぐいすいろ)	ウグイスの羽のような暗くくすんだ黄緑色	江戸時代以降よくあらわれるようになった色名
鶯茶(うぐいすちゃ)	ウグイスの羽のような褐色がかった黄緑色	江戸時代には女性の小紋などに愛用された色 浮世草子や浄瑠璃、浮世絵に描かれる着物の色にも使われている
鶸色(ひわいろ)	ヒワの羽の色のような黄みの強い明るい萌黄色 より赤みがかったものを「紅鶸色」という	鎌倉以降にあらわれた色名だと思われる この時代の武士が礼服に用いた狩衣に見られる
鶸茶(ひわちゃ)	鶸色(明るい緑黄)の変相色で緑みの鈍い黄色。鶯茶より明るい色調	江戸中期にあらわれた色名 小袖の色として流行
鶸萌葱(ひわもえぎ)	鶸色と萌黄色の中間の色で、黄みの強い黄緑色	室町時代には認識されていた色名 一般には萌黄色の一種と見られていた
雀茶(すずめちゃ)	スズメの頭から背にかけてのような赤黒い茶色。「雀色」ともいう	江戸時代からの色名と思われる
鳶色(とびいろ)	トビの羽の色のような赤暗い茶褐色	江戸前期にあらわれた色名 鳶色の服はこの頃の男子の間で流行した
山鳩色(やまばといろ)	山鳩の羽のような灰みの強い鈍い黄緑色	中世からの色名で、「兼澄集」(11世紀)にも記載がある 天皇が平常着用された袍(ほう)の色
鳩羽色(はとばいろ)	ハトの羽のような灰みがかった淡い青紫色	江戸時代初期頃にあらわれた色名 明治以降は着物の色として流行。現代でも和服や和装小物などに用いられる
鳩羽鼠(はとばねず)	淡い紫色である藤色に鼠色をかけた赤みがかった灰紫色	安土・桃山～江戸時代前期ごろにあらわれた色名 同じ時期には鼠の変相色が多くあらわれた
鴨の羽色(かものはいろ)	マガモの頭の羽色のような少し暗い青緑色	古く『万葉集』にもみられる色の表現 「鴨の羽色」は「青葉」や「春山」にかかかる枕詞にもなっている
濡羽色(ぬればいろ)	カラスの羽のような艶のある黒色。「濡烏(ぬれがらす)」、「烏羽色(からすばいろ)」ともいう	近世のころからみられる色名 艶やかな女性の髪を表す言葉として用いられた
鸚緑(おうりょく)	オウムの緑色の羽のような色みの強い黄緑色。「鸚鵡緑(おうむりょく)」ともいう	明治以降教育色名として登場した色名 西洋から伝わった「パロットグリーン」を和訳したもの
孔雀緑(くじゃくみどり)	クジャクの美しい青緑の羽のような鮮やかな青緑色	近代にできた色名 明治の頃に西洋から伝わった「ピーコックグリーン」を和訳したもの
孔雀青(くじゃくあお)	クジャクの美しい青い羽のような鮮やかな青色	近代にできた色名 明治の頃に西洋から伝わった「ピーコックブルー」を和訳したもの

参考資料：『日本伝統色 色名辞典』(日本流行色協会監修)日本色研事業株式会社、『文学にみる日本の色』(伊原昭著)朝日選書、『色名の由来』(江幡潤著)東書選書、『日本の色辞典』(吉岡幸雄著)紫紅社、『色の手帖』(小学館辞書編集部編)小学館、『色へのことばをのこしたい』(伊原昭著)笠間書院、『日本の伝統色 色の小辞典』(日本色彩研究所編・福田邦夫著)読売新聞社

冬は朱色がかった
淡い桃色
夏の繁殖期は墨色

標準和名　**トキ**
学　　名　*Nipponia nippon*
英　　名　Crested Ibis
英名の意味　冠羽(かんう)のある+トキ
漢字表記　朱鷺、鴇
分　　類　ペリカン目トキ科トキ属
全　　長　77cm
撮影場所　日本　新潟県　佐渡市
撮影時期　8月25日
撮 影 者　田中正秋(a)

冬羽(非繁殖羽)では一見白い鳥のように見えますが、翼の風切羽※や尾羽が朱色がかった淡い桃色のグラデーションになっており、飛翔時など光を透かして見る状況だとこの色がよくわかります。独特の美しい色彩で、日本の伝統色「朱鷺色」はこの色を表しています。朱鷺色の微妙な色調は古くから好まれ、着物の染め色としても人気がありました。一方、夏羽では首から背、肩羽などが薄墨のように黒くなりますが、これは頸部の黒い皮膚が剥離して粉状になったものをこすりつけるため黒くなるそうです。

※風切羽＝翼の外側にある飛ぶための羽。隣同士の羽がピッタリとくっつき合うので、継ぎ目のない翼の面を形づくることができる

橙色を
愉しむ島

標準和名 **コマドリ**
学　　名 *Luscinia akahige*
英　　名 Japanese Robin
英名の意味 日本の+コマドリ*1
漢字表記 駒鳥*2
分　　類 スズメ目ヒタキ科ノゴマ属*3
全　　長 14cm
撮影場所 日本　長野県　八ヶ岳
撮影時期 5月
撮 影 者 和田剛一(a)

*1　Robinはコマドリの胸の色を意味するrobin-redbreastが略された英名。元々は胸が赤いredbreastといわれていたが、特にこの色に関してはこう呼ばれるようになった。橙色が赤色とされたのは、命名された15世紀の英国にorange橙色という表現がなかったため。Robinは人名Robertの愛称で、当時の英国では鳥の名前に人名を当てるのが流行った

*2　和名はヒンカラカラと馬のいななきのように聞こえるさえずりの美しさからとの説がある

*3　属名はラテン語「ナイチンゲール(サヨナキドリ・小夜啼鳥)」、種小名のアカヒゲは、命名時に誤ったものがそのまま使われている

橙色系の鳥の代表格で、北海道から九州にかけての山地に渡来する夏鳥(なつどり)です。屋久島や種子島、伊豆諸島では留鳥(りゅうちょう)。頭部から尾にかけての体上面が橙色で、胸からの下面は灰色。雄はこの色調がはっきりしており、灰色部分が胸では濃く黒っぽく見えます。雌は全体に雄より淡色ですが、やはり橙色基調の色彩です。繁殖地は、日本列島の他はサハリンのみで、日本を代表する夏鳥のひとつです。亜高山帯の針葉樹林など山地の暗い森に棲み、地上を跳ね歩いて昆虫やクモ類、ミミズなどを捕食します。さえずる時には岩の上や木の枝など目立つ場所に出てきます。

深い森の奥から
春を告げる鳥

標準和名　**アカヒゲ　雄**
学　　名　*Luscinia komadori komadori*
英　　名　Ryukyu Robin
英名の意味　琉球+コマドリ
漢字表記　赤髭
分　　類　スズメ目ヒタキ科ノゴマ属*
全　　長　14cm
撮影場所　日本　鹿児島県　鹿児島郡　十島村　平島
撮影時期　4月24日
撮 影 者　江口欣照(a)

*属名はラテン語「ナイチンゲール（サヨナキドリ・小夜啼鳥）」、種小名のkomadoriは、名前をつける際にコマドリ(p.58-59)と取り違えてしまったため。コマドリの学名にはakahigeがついている

日本の固有種のひとつで、男女群島、屋久島、種子島、南西諸島の一部だけに分布します。おもに山地のよく繁った常緑広葉樹林や沢沿いに生息し、地上で昆虫などを捕食します。立ち止まって尾羽を広げたり左右に振ったりする行動がコマドリと似ています。「ヒーチヨチヨ、ピヨピヨチョチョチョ」などいろいろな声でさえずります。雄は体上面が赤みの強い橙色で美しく、顔の前半分から胸にかけての黒色は橙色部分との対比が鮮やかです。徳之島以北の亜種アカヒゲと沖縄本島の亜種ホントウアカヒゲに分けられ、写真は最初に発見された原名亜種※のアカヒゲです。亜種ホントウアカヒゲは雄も脇の黒斑(こくはん)がない点で識別できます。

※原名亜種：亜種のある種を多型種、亜種のない種を単型種といい、多型種で最初に発見(発表)された亜種のこと。学術的には基亜種(きあしゅ)と表記されることが多い。種は、属名と種小名の2語で表し(二名法)、亜種は、属名と種小名に亜種小名を加えた三語で表す(三名法)

世界中で
日本の南の島だけに棲む

標準和名　**アカヒゲ　雌**
撮影場所　日本　鹿児島県　鹿児島郡　十島村　平島
撮影時期　4月24日
撮影者　江口欣照(a)

雌も頭から体上面は橙色ですがその色調は雄よりも淡く、また体下面は白の混じった灰色です。顔から胸にかけての黒色部はありません。日本の固有種ではありますが、国内でも分布が非常に限られていることから、国の天然記念物ならびに「種の保存法」による国内希少野生動植物種に指定されています。ところで、雄にも雌にも和名にある「赤いひげ」のような部分は見当たりません。じつは江戸時代にこの鳥を伝える手紙文に「あかひけ(赤い毛)」と書かれたものが「赤髭」と誤読されたためにこの名になったといわれています。

標準和名　**アマサギ**
学　　名　*Bubulcus ibis*
英　　名　Cattle Egret
英名の意味　牛*+シラサギ
漢字表記　飴鷺、猩々鷺（別名の漢名ショウジョウサギ）、黄毛鷺
分　　類　ペリカン目サギ科アマサギ属
全　　長　51cm
撮影場所　日本　山梨県　玉穂町
撮影時期　4月
撮 影 者　柳沼俊之（a）
*属名もラテン語で「牛飼い」。牛の後ろからついて歩き、驚いて飛び出すカエルやバッタを食べたり、牛の体にたかる昆虫をとって食べる習性に由来

強い陽射しに
映える
飴色の冠は、
夏の装い

標準和名 **アマサギ**
学　　名 *Bubulcus ibis*
英　　名 Cattle Egret
撮影場所 日本　高知県　香美市
撮影時期 5月
撮 影 者 和田剛一(a)

夏羽では頭部から頸、胸、背が橙色になる美しいサギ類の一種です。この橙色は昔は飴色と呼ばれていた色で、そのため古くは鎌倉時代からこの鳥は「あめさぎ」と呼ばれ、それが「あまさぎ」へと変化して現在の和名になりました。現代人は「亜麻色の鷺」の意味の名だと考えがちですが、誤りです。植物の亜麻が日本へ渡来したのは江戸時代のことだからです。繁殖直前や繁殖中には通常黄色い嘴が根元部分を中心に紅色に染まり、目先も赤紫色になって、とても華やかな婚姻色をまといます。冬羽では全身が白くなってコサギやチュウサギなどシラサギ類と見分けにくくなりますが、アマサギはコサギよりも小さく、嘴も短いことで識別できます。

標準和名　**クロツラヘラサギ**
学　　名　*Platalea minor*
英　　名　Black-faced Spoonbill
英名の意味　黒い顔の+ヘラサギ《スプーン+くちばし》
漢字表記　黒面篦鷺
分　　類　ペリカン目トキ科ヘラサギ属*
全　　長　77cm
撮影場所　日本　沖縄県　石垣島
撮影時期　4月14日
撮 影 者　本若博次(a)
*ラテン語で属名「ヘラサギ(ギリシャ語platea広い・幅広な)」、種小名「より小さな」

目から前が黒色のヘラサギ類で、おもに九州や沖縄に渡来する数少ない旅鳥(たびどり)または冬鳥(ふゆどり)です。世界的にも数の少ない貴重な鳥。成鳥は冬羽(ふゆばね)では全身の羽毛が白色で、夏羽(なつばね)では首や胸の一部が橙色を帯び、後頭にも淡黄色の冠羽※が出ます。これら橙色部分は面積としては決して大きくはなく、色みも濃くはありませんが、全体が白い中でとてもその色が引き立ち、他の鳥にはない美しさだと感じます。若鳥は翼の先端部など一部が黒色です。河川や湿地、水田などに現れて、少し開いた嘴(くちばし)を水中で振りながら歩いて魚を探し、捕食します。

※冠羽(かんう)=頭部に生える飾り羽

大地で獲物を狩る

標準和名　**リュウキュウアカショウビン**
学　　名　*Halcyon coromanda bangsi*
英　　名　Ruddy Kingfisher
英名の意味　赤らんだ+カワセミ《王+魚とり》
漢字表記　琉球赤翡翠
分　　類　ブッポウソウ目カワセミ科アカショウビン属*
全　　長　27cm
撮影場所　日本　沖縄県　石垣市
撮影時期　9月25日
撮 影 者　江口欣照(a)
*ギリシャ語で属名「カワセミ」、種小名「（インドの）コロマンデル海岸」、亜種小名は人名アウトラム・バーンズOutram Bangs(1863-1932)。米国の動物学者・標本収集家

アカショウビンは雌雄ともほぼ全身が、褐色みを帯びた朱色のカワセミ類の一種です。嘴や足は真っ赤で、燃えるような色彩は南国ムードですが、国内では北海道にも渡来します。全国的に姿が見られる夏鳥で、よく繁った森に棲み、両生類、貝類、昆虫、甲殻類、小魚などを捕食します。カワセミ類は、一般に湖沼や池に飛び込んで魚を捕るものが多いですが、アカショウビンは幅広い食性をもち、魚よりもむしろ陸上の生きものを多く捕食します。地域によってはカエルやカタツムリを最も多く食べているという調査結果があるほどです。南西諸島では亜種リュウキュウアカショウビン（写真）が密度高く生息しています。

個性派たち

標準和名 **ヤツガシラ**
学名 *Upupa epops*
英名 Eurasian Hoopoe
英名の意味 ユーラシアの+ヤツガシラ*1
漢字表記 戴勝、八頭
分類 サイチョウ目ヤツガシラ科ヤツガシラ属*2
全長 27cm
撮影場所 日本　沖縄県　池間島
撮影時期 3月31日
撮影者 本若博次(a)
*1 鳴き声のフープ、フープに由来
*2 属名はラテン語「ヤツガシラ(つるはし)」、種小名はギリシャ語「ヤツガシラ」

数の少ない旅鳥(たびどり)で、かつてはまれにしか渡来しないといわれていましたが、日本海側の各地や南西諸島などで毎年少数が観察され、長野県で繁殖した例もあります。広げると羽団扇(はうちわ)のようになる独特な冠羽(かんう)が特徴です。冠羽は普段は寝かせていて、驚いた時や着地した際に広げることがあります。その冠羽や頭部、頸(くび)、胸などが褐色みのある橙色でとても目立ちます。色彩もシルエットも独特で、他に類似した鳥は見当たりません。畑や芝生などに現れ、頭を前後に振りながら歩き、細長い嘴(くちばし)を地面や朽(く)ち木などに突き立てて、中に潜む昆虫などを捕食します。繁殖期には「ポポポ、ポポポ」と鳴きます。

その昔、占いもする芸人のような鳥でした

標準和名 **ヤマガラ**
学　　名 *Poecile varius*
英　　名 Varied Tit
英名の意味 多彩な+シジュウカラ
漢字表記 山雀*1
分　　類 スズメ目シジュウカラ科コガラ属*2
全　　長 14cm
撮影場所 日本 東京都 府中市
撮影時期 11月27日
撮 影 者 江口欣照(a)

*1 山に棲む、よくさえずる小鳥、カラ類の意味とも
*2 属名はギリシャ語「poikilis未確認の小鳥」、種小名はラテン語「多彩の」

シジュウカラ類としては珍しく、橙色部分が目立つ小鳥で、全国の林で見られる留鳥(りゅうちょう)です。橙色部分は背と体下面で、栗色、茶色、橙褐色(とうかっしょく)などとも表現されます。頭部の黒とクリーム色、翼の灰色とともにヤマガラならではの色調を織り成しています。人をあまり恐れず、また、木の実などを貯食※する性質をうまく利用して、江戸時代頃から「おみくじ引き」の芸を仕込むことが行われていました。お賽銭(さいせん)を渡すとヤマガラがそれをくわえて短い参道を進み、賽銭箱に落としてから鈴を鳴らし、お宮の扉を開いて中からおみくじを持ちかえるという手の込んだ芸当で、かつて縁日などで見られました。鳥の頭脳にびっくりさせられる芸のひとつです。

※貯食(ちょしょく):食物があってもすぐ食べずに一時的に貯えること

標準和名 **オーストンヤマガラ**
学　　名 *Poecile varius owstoni*
英　　名 Varied Tit
英名の意味 多彩な+シジュウカラ
漢字表記 オーストン山雀*
分　　類 スズメ目シジュウカラ科コガラ属
全　　長 15cm
撮影場所 日本　東京都　八丈島
撮影時期 5月8日
撮 影 者 江口欣照(a)

*和名と亜種小名は人名アラン・オーストンAlan Owston(1853-1915)、海外では日本の鳥卵収集家として知られるが、英国の鳥類標本の収集家で1871年(明治4)に来日して横浜に在住。貿易商を営み、ウミツバメやアカゲラの仲間にもその名を残した

ヤマガラには国内に8つの亜種があり、伊豆諸島の三宅島・御蔵島・八丈島に分布する亜種がオーストンヤマガラです。他の亜種とは明らかに羽色(うしょく)が異なり、全体的に色が濃く、頬も赤茶色で嘴(くちばし)や足が大きいことなどが特徴です。最初に発見された原名亜種ヤマガラは九州以北に分布しており、南の亜種ほど原名亜種ヤマガラと比較して暗色になる傾向がありますが、本亜種ほど大きな差異はありません。本亜種だけが突出して暗色になっており、体も大柄です。

未来に残したい
美しい日本のツグミたち

標準和名　**アカコッコ**
学　　名　*Turdus celaenops*
英　　名　Izu Thrush
英名の意味　伊豆+ツグミ(愛・内気・知恵などの象徴)
漢字表記　島赤腹、赤鶇(八丈島、三宅島ではコッコメと呼ばれる)
分　　類　スズメ目ヒタキ科ツグミ属*
全　　長　23〜24cm
撮影場所　日本　東京都　八丈島
撮影時期　12月4日
撮　影　者　江口欣照(a)
*属名はラテン語「ツグミ」、種小名はギリシャ語「黒い顔」

伊豆諸島とトカラ列島のみに生息する留鳥(りゅうちょう)で、日本固有種のひとつです。アカハラに似たイメージの大型ツグミ類で、雄は頭から胸にかけて黒く、背や腹、翼の大部分が橙色基調です。特に腹と脇は鮮やかなオレンジ色です。雌は頭部の黒色が褐色みを帯び、アカハラの雄によく似ています。よく繁った暗い森を好み、地上を跳ね歩いては立ち止まり、落ち葉の下や土中からミミズや昆虫類を探し出して捕食する行動もアカハラに似ています。熟した木の実もよく食べます。繁殖期には雄は「ジュリリリ、チョ」とさえずります。観察地として三宅島が有名ですが、ネズミ対策で放したニホンイタチに襲われたり、2000年の火山噴火によって影響を受けたりして数が減ってしまいました。環境省のレッドリストで絶滅危惧IB類に記載されている絶滅危惧種です。

標準和名　**アカハラ**
学　　名　*Turdus chrysolaus*
英　　名　Brown-headed Thrush
英名の意味　茶色い頭の+ツグミ
（愛・内気・知恵などの象徴）
漢字表記　赤腹
分　　類　スズメ目ヒタキ科ツグミ属*
全　　長　24cm
撮影場所　日本　長野県　戸隠村
撮影時期　5月6日
撮 影 者　戸塚学(a)
*属名はラテン語「ツグミ」、種小名はギリシャ語「金色のツグミ」

脇の橙色が目立つ大型ツグミ類の一種で、本州中部以北では夏鳥、それ以南では留鳥または冬鳥です。雄は頭部が一様に褐色みを帯び、亜種または個体によって顔が黒っぽいものもいます。雌は喉が白っぽくて顎線※があります。明るい林に棲み、地上を跳ね歩いて落ち葉をかき分け、昆虫やミミズなどを捕食し、秋冬には木の実も食べます。繁殖期には梢にとまって「キョロン、キョロン、ツィー」と明るい声でよくさえずります。日本列島を中心に、千島列島やサハリンから中国南部やフィリピンの一部の狭い地域にのみ分布します。

※顎線＝のどの線状の模様

標準和名　**カラアカハラ**
学　　名　*Turdus hortulorum*
英　　名　Grey-backed Thrush
英名の意味　灰色の背をした+ツグミ（愛・内気・知恵などの象徴）
漢字表記　唐赤腹
分　　類　スズメ目ヒタキ科ツグミ属*
全　　長　23cm
撮影場所　日本　石川県　輪島市
撮影時期　5月18日
撮 影 者　江口欣照(a)
*ラテン語で属名「ツグミ」、種小名「小さな庭の」

おもに日本海側の離島や南西諸島などで記録されるまれな旅鳥です。頭部から体上面にかけての青みを帯びた灰色が特徴の大型ツグミ類で、脇は赤橙色です。雄成鳥は青灰色が鮮やかで独特。雌はやや褐色みが強く、胸に黒褐色の縦斑があります。平地から山地の明るい林に棲み、林縁や草地にも出てきて、地上で昆虫やミミズ類などを捕食します。採食行動は他の大型ツグミ類とよく似ていますが、警戒心が強く、出現機会が少ないこともあって観察が困難な鳥のひとつです。クロツグミ（97ページ）と似た声でさえずります。

標準和名　**アトリ**
学　　名　*Fringilla montifringilla*
英　　名　Brambling
英名の意味　アトリ、山のアトリ、学名のラテン語「山のアトリ」を英名にしMountain Finchともいう
漢字表記　獦子鳥、花鶏。12月(臘子)頃に大群で移動することから集鳥(あつとり)、臘子鳥とも
分　　類　スズメ目アトリ科アトリ属*
全　　長　16cm
撮影場所　日本　北海道　伊達市
撮影時期　3月
撮 影 者　井上大介
*属名「フィンチ(アトリ、ズアオアトリ)」、種小名「山のフィンチ(アトリ)」

数十万羽の群れになる小さな冬鳥(ふゆどり)

標準和名 **アトリ　夏羽**
学　　名 *Fringilla montifringilla*
英　　名 Brambling
撮影場所 日本　石川県
撮影時期 4月
撮 影 者 大野胖(a)

全国の平地や山地の林に渡来する冬鳥で、アトリ科の代表種です。平地から山地の林や農耕地、草原などに現れ、草木の種子などを探し食べます。「キョッキョッ」などと鳴きながら群れで行動することが多く、数百羽、数千羽、時に数十万羽もの大群となることがあります。羽色(うしょく)は夏冬とも橙色基調の色彩で、脇や胸、翼の一部が色鮮やかです。観察機会の多い冬羽(ふゆばね)では頭部が灰色と褐色が混在するような色です。雄の夏羽(なつばね)で黒くなる部分は、冬羽では橙褐色(とうかつしょく)と灰色などの細かい模様に見えます。雄の夏羽は頭部全体がすっぽりと頭巾をかぶったように黒く、印象的な姿となります。

標準和名　**アトリ**　冬羽
撮影場所　日本　北海道　札幌市
撮影時期　1月20日
撮影者　和田剛一(a)

紋付姿でお辞儀する愛らしい冬鳥

標準和名　**ジョウビタキ**
学　　名　*Phoenicurus auroreus*
英　　名　Daurian Redstart
英名の意味　ドーリア地方(Dauria=Transbaikaliaバイカル湖東部地方)の*+ジョウビタキ《赤+尾》
漢字表記　上鶲、尉鶲、常鶲。尉(じょう)は年寄りの翁の意で、頭部の銀灰色から
分　　類　スズメ目ヒタキ科ジョウビタキ属
全　　長　14cm
撮影場所　日本　東京都
撮影時期　2月
撮 影 者　井田俊明(a)

*本種の記載は1776年で、発見者のドイツの動物・植物学者ペーター・ジーモン・パラスPeter Simon Pallas(1741−1811)は、エカチェリーナ2世に招かれ、シベリア探検(バイカル湖東岸の調査)で有名。Pallasは数多くの鳥の学名になっているが、調査地のドーリアも学名や英名になっている。属名はギリシャ語でphonix赤、深紅、紫、-ouros尾をした、種小名はラテン語で「暁、東方」

日本全国に渡来する冬鳥の代表格です。雌雄とも橙色を基調とする美しい色彩の小鳥であり、冬の庭先にもやってくる身近な存在です。雄は一見して体の下半分が橙色という印象で、頭部の銀灰色や翼などの黒色、白斑(はくはん)とともにジョウビタキならではの美しい配色が見られます。雌は全体に淡色ですが、背の一部などに橙色部があります。越冬期には雌雄とも1羽でなわばりを構え、杭や枝にとまって「ヒッヒッ、カッカッ」と鳴きながら尾羽をこまかくふるわせます。同時に頭を下げることもあり、まるでお辞儀をしているように見えます。地面に舞い降りて昆虫類やクモなどを食べ、木の実もついばみます。

麦を蒔く時季を教えてくれるキビタキ

標準和名　**ムギマキ**
学　　名　*Ficedula mugimaki*
英　　名　Mugimaki Flycatcher
英名の意味　麦蒔き+ヒタキ《虫+つかまえる》
漢字表記　麦播
分　　類　スズメ目ヒタキ科キビタキ属*
全　　長　13cm
撮影場所　日本　石川県　舳倉島
撮影時期　5月
撮 影 者　真木広造(O)
*属名はラテン語で、黒い帽子姿に変わってイチジクを食べる小さな鳥(ムシクイ)を意味する

キビタキ(107ページ)に似た感じの小鳥で、体下面はキビタキの黄色部を濃くしたような橙色です。雄成鳥は頭部から体上面は黒色で、全体として黒と橙色のツートーンカラーのイメージですが、目の上後方に小さな白斑(はくはん)があります。雌や若い雄は頭部から体上面にかけてが褐色で、喉から腹部が橙色です。渡り途上に日本海の離島などを通過して行く旅鳥(たびどり)で、数は多くありません。秋の麦を蒔く時期に現れることが名前の由来ですが、実際の観察例は春季の方が多いようです。朽(く)ち木の枝先や幹などで昆虫の幼虫をよく捕食します。さえずりは「ピフィ、ピフィ、ピフィ、ピチュリピチュリ」と聞こえ、後半にテンポが速くなる独特のさえずり声です。

胸を張った立ち姿が凛々しい

標準和名　**ノビタキ**
学　　名　*Saxicola torquatus*
英　　名　African Stonechat
英名の意味　アフリカの＋ノビタキ《石＋おしゃべり（小石をたたくような鳴き声から）》
漢字表記　野鶲
分　　類　スズメ目ヒタキ科ノビタキ属*
全　　長　13cm
撮影場所　日本　北海道　道央
撮影時期　6月6日
撮 影 者　井上大介(a)
*ラテン語で属名「岩間に棲むもの」、種小名「首飾りのある」

夏の北海道の草原や本州の高原などで見かける、スズメより小さい可憐な小鳥です。本州中部以北に渡来する夏鳥(なつどり)で、北海道では特に数が多く、海岸沿いの草原や牧草地、農耕地などでしばしば姿を見ます。渡り※の時期には本州以南の草地などでも見ることがあります。丈の高い草の先などに胸を張ったような姿勢でよくとまります。夏羽(なつばね)の雄は頭部と体上面が黒く、胸の橙色がよく目立ちます。雌は頭から体上面が褐色で、胸には雄よりも淡い橙色部があります。「ヒューチー、チーピーピチョー」などとさえずりますが、高い繊細な声はあまり遠くまで届きません。一方「ジャッジャッ、ヒー」という地鳴きは強い声でとてもよく通ります。

※渡り＝遠く離れた繁殖地と越冬地を季節とともに往復すること。渡りをする鳥を渡り鳥という

北海道の夏の草原を彩る鮮やかなノド

標準和名 **ノゴマ**
学　　名 *Luscinia calliope*
英　　名 Siberian Rubythroat
英名の意味 シベリアの+ルビー色のノド
漢字表記 野駒
分　　類 スズメ目ヒタキ科ノゴマ属*
全　　長 16cm
撮影場所 日本　北海道　道央
撮影時期 6月
撮 影 者 久保敬親(O)

*属名はラテン語「ナイチンゲール(サヨナキドリ・小夜啼鳥)」、種小名はギリシア神話で文芸を司る女神ミューズの長女、英雄叙事詩を司る女神カリオペに由来し、その名はギリシャ語で美声を意味する

国内では北海道だけで繁殖し、他地域では渡りの時期に見られる旅鳥(たびどり)ですが、岩手県では繁殖例があります。雌雄とも全体的には淡い茶褐色基調の羽色(うしょく)ですが、雄は喉が朱色で、この色がワンポイント的によく目立ちます。特にさえずる時には喉が膨らむので、この赤色部が大きく丸く見えることから、俗に「日の丸」などとも呼ばれます。基本的に草薮の中で生活していますが、繁殖期の雄は草の穂先など目立つ場所にとまって「キョロキリキョロキリ、ヒーキョロピンピン」などと快活な調子で複雑にさえずり、よく目立ちます。雌にもいくぶん喉が赤みを帯びる個体がいます。繁殖環境は平地の海岸草原と、高山のハイマツ帯です。

標準和名　**ヨシゴイ**
学　　名　*Ixobrychus sinensis*
英　　名　Yellow Bittern
英名の意味　黄色+サンカノゴイ属とヨシゴイ属などの総称
漢字表記　葦五位
分　　類　ペリカン目サギ科ヨシゴイ属*
全　　長　36cm
撮影場所　日本　新潟県　阿賀野市
撮影時期　8月4日
撮 影 者　戸塚学(a)
*属名はギリシャ語「ixiasヨシに似た植物+brukhomai大声で鳴く」、種小名はラテン語「中国の」

美しい蓮（はす）の台（うてな）にしがみつく最小のサギ

標準和名　**ヨシゴイ**
撮影場所　日本
撮影時期　5月
撮 影 者　和田剛一(a)

茶色系のサギ類の代表種といえる存在で、全国のヨシ原や湿地などに渡来する夏鳥(なつどり)です。日本のサギ類の中では最も小さく、水辺の繁みの中でひっそりと暮らしています。雌雄とも体上面は茶褐色で、下面は淡色。茶褐色部分は雄では色調が濃くてはっきりしています。風切羽(かざきりばね)は黒っぽく、飛ぶ時など翼を広げた際に目立ちます。外敵が近づくなど危険を感じると、首と体をまっすぐに伸ばしヨシの茎に同化するように見せかける「擬態」を行います。ハス田などにも生息し、8月のハス開花期にはその花とともに美しい情景の中で姿が見られます。

葦(よし)に擬態(ぎたい)して
忍者のように消える

大陸からやって来る

標準和名　**ハイイロヒレアシシギ**
学　　名　*Phalaropus fulicarius*
英　　名　Red Phalarope
英名の意味　赤（夏羽より）+ヒレアシシギ*
漢字表記　灰色鰭足鴨
分　　類　チドリ目シギ科ヒレアシシギ属
全　　長　21cm
撮影場所　ノルウェー　スヴァールバル諸島
撮影時期　6月20日
撮 影 者　Ole Jorgen Liodden(a)
*属名と英名はギリシャ語で、ホタテ貝のような形から（弁膜のある）「オオバンの足」、種小名はラテン語で「オオバンに似た」

ヒレアシシギ類は国内で通常2種観察され、いずれも北半球の極北部で繁殖し、熱帯で越冬します。非繁殖期にはおもに海洋上で生活し、水面上をくるくる回って小さな甲殻類やプランクトンを食べています。沖合を通過する旅鳥（たびどり）ですが、沿岸や内陸部にも出現することがあります。ハイイロヒレアシシギは、雄よりも雌の方が派手な姿をしており、夏羽（なつばね）は首から下が美しい赤褐色で、頭は黒く、目の周囲は白いという独特な配色で、目立ちます。雄は赤褐色の色みがくすんだ感じで鈍い色調です。冬羽（ふゆばね）は上面が灰色で顔や体下面は白くなり、夏羽の姿とは全く異なります。

オレンジの旅鳥(たびどり)たち

標準和名　**アカツクシガモ**
学　　名　*Tadorna ferruginea*
英　　名　Ruddy Shelduck
英名の意味　赤らんだ+ツクシガモ*1
漢字表記　赤筑紫鴨
分　　類　カモ目カモ科ツクシガモ属*2
全　　長　64cm
撮影場所　シンガポール　ジュロン・バードパーク
撮影時期　8月29日
撮 影 者　宮本昌幸
*1　古語sheld-はvariegated多彩の意味
*2　属名はツクシガモのフランス語名Tadorneからとされるが、イタリア語説もある。種小名はラテン語で「鉄さび色の」

オレンジ色を主体とする美しい色彩のカモ類です。おもに西日本に渡来する数少ない冬鳥(ふゆどり)で、北日本ではごくまれです。国内で毎年記録されますが、渡来地は定まっていません。淡水域で越冬することもありますが、海岸近くの農耕地や荒れ地などに現れることも多く、青草をむしり取るようにして食べます。頭部は白っぽく、首から下は橙色で、夏羽(なつばね)の雄には黒い首輪があります。地上にいる時にはオレンジ色の鳥に見えますが、飛ぶと一転して白黒の翼が目立ち、オレンジ色部は体だけ。尾羽も黒で、翼鏡(よくきょう)は緑色の金属光沢です。

似た色柄のシギ

標準和名　**オオソリハシシギ**
学　　名　*Limosa lapponica*
英　　名　Bar-tailed Godwit
英名の意味　縞模様の尾をした+オグロシギ属*1
漢字表記　大反嘴鴫
分　　類　チドリ目シギ科オグロシギ属*2
全　　長　39cm
撮影場所　日本　愛知県　西尾市
撮影時期　5月5日
撮 影 者　戸塚学(a)
*1　Godwitは鳴き声からの擬音語
*2　属名はラテン語「泥だらけの」。種小名はフィンランドの「ラップランド地方」で白夜が訪れる北極圏

わずかに上に反った嘴(くちばし)が特徴のシギで、全国で旅鳥(たびどり)です。春、4月から5月に見られる夏羽(なつばね)の姿はとても美しく、顔から体下面に広がる赤みの強い橙色が目立ちます。頭からの上面は黒褐色、赤褐色、白の細かい模様になっています。雌は雄より赤みが淡く、体は少し大きくて嘴や足もやや長く見えます。北極海沿岸部などで繁殖し、オーストラリアやニュージーランドなどの沿岸部で越冬します。繁殖地と越冬地との距離は1万km以上。その間、一度も着陸せずに飛び続けるものもいることがわかっています。

でも嘴(くちばし)は大違い

標準和名　**コオバシギ**
学　　名　*Calidris canutus*
英　　名　Red Knot
英名の意味　赤+オバシギ属またはコオバシギ*1
漢字表記　小尾羽鴫、小姥鴫
分　　類　チドリ目シギ科オバシギ属*2
全　　長　25cm
撮影場所　日本　沖縄県　糸満市
撮影時期　4月
撮　影　者　真木広造(O)

*1　鳴き声がノットと聞こえるからとする説と、種小名にもなっている11世紀のイングランド王クヌートによるとの説がある。王もこの鳥もデンマークから来た
*2　属名はギリシャ語で、アリストテレスの『動物誌』ではkalidris(またはskalidris)「灰色の水辺の鳥」(シギの一種)とされる。ギリシャ語skalisは「つるはし」の意味

足も嘴(くちばし)も短めのシギ類で、全国で旅鳥(たびどり)です。夏羽(なつばね)では顔から腹までが濃い赤褐色で、鮮やかな夏羽の色調はオオソリハシシギと似た姿です。小型のシギ類では体下面が赤くなる種は少なく、本種の特徴のひとつといえます。冬羽(ふゆばね)では頭から体上面が一様に灰褐色で、夏羽の派手な姿とはまるで別物です。秋の渡りの季節によく観察される幼鳥も冬羽に似た印象で、全体的に灰色の鳥というイメージです。海岸の砂浜や干潟、河口などに数羽から数十羽の群れで現れ、波打ち際などでゴカイ類や小さな甲殻類などを捕食します。

アイリング アイマスク… 目元が素敵な鳥

標準和名	**チョウセンメジロ**
学名	*Zosterops erythropleurus*
英名	Chestnut-flanked White-eye
英名の意味	栗色の脇をした+メジロ《白い目》
漢字表記	朝鮮目白
分類	スズメ目メジロ科メジロ属*
全長	12cm
撮影場所	日本　石川県　輪島市
撮影時期	5月24日
撮影者	江口欣照(a)

*ギリシャ語で属名「zoster輪・周囲を取り巻くもの+ops目」、種小名「赤い脇」

朝鮮半島基部からロシア沿海地方にかけて繁殖分布をもつメジロ類の一種です。越冬地はタイやラオスなど。日本では、北海道から南西諸島にかけて、おもに日本海側の離島などで時折記録される数少ない旅鳥(たびどり)です。日本のメジロとよく似ていますが、脇に赤茶色の部分があることが特徴です。他にも、上嘴(じょうし)が褐色みを帯びること、白いアイリングの幅が広い傾向があることなど、メジロとの違いがあります。農耕地の林縁(りんえん)や灌木林、広葉樹林などに生息します。日本での記録はメジロの群れに混じって見つかることが多いようです。

標準和名 **メジロ**
学　　名 *Zosterops japonicus*
英　　名 Japanese White-eye
英名の意味 日本の+メジロ《白い目》
漢字表記 目白・繡眼児
分　　類 スズメ目メジロ科メジロ属*
全　　長 12cm
撮影場所 日本　鹿児島県　南さつま市
撮影時期 3月1日
撮 影 者 小園卓馬
*japonensisは「日本産の」だが(5ページ)、種小名のjaponicusやそのラテン語の女性形japonica(89ページ)は単に「日本の」を意味する

目の周りの白いアイリングが目立つ小鳥で、全国的に通年生息する留鳥(りゅうちょう)ですが、北海道では夏鳥(なつどり)です。基調となる羽色(うしょく)は体上面の黄緑色で、頭部はやや淡色、喉から胸にかけては黄色みの強い黄緑色です。下面は白っぽく脇は褐色です。平地から山地の林に棲み、樹木の多い庭園や住宅街の公園、竹林などにも現れます。「チーチー」と高い声で鳴きながら小群で行動することが多く、木から木へと移動しながら小さな昆虫やクモ類などを捕食し、特に柔らかい果実や花蜜など植物性の甘いものを好んで食べます。冬季、餌台に置かれたジュースを飲むこともあります。

標準和名　**キレンジャク**
学名　*Bombycilla garrulus*
英名　Bohemian Waxwing
英名の意味　ボヘミアの+レンジャク《蝋*1+翼》
漢字表記　黄連雀
分類　スズメ目レンジャク科レンジャク属*2
全長　20cm
撮影場所　北海道　帯広市
撮影時期　12月28日
撮影者　宮本昌幸

*1　次列風切羽の先端に赤い蝋状の角質突起がある
*2　属名はギリシャ語bombux,bombucos絹+中世ラテン語cilla尾、種小名はラテン語「騒々しい」

ベージュ色系の小鳥で、ヒレンジャクとともに黒い過眼線（かがんせん）と長い冠羽（かんう）が目立ちます。過眼線とは目を通るように目の前後にある線のことで、鳥の顔の模様のひとつです。キレンジャクの過眼線は、アイマスクかサングラスのような印象をもつ人が多いかもしれませんが、いずれにしてもこの鳥の外観を特徴づけるものです。キレンジャクは全国的に冬鳥（ふゆどり）で、本州中部以北に多く渡来します。一見、羽色（うしょく）もヒレンジャクと大差ないように感じますが、尾羽の先端は黄色で、翼の一部にも黄色部があるなどの点が異なります。ヒレンジャクと混群※をつくることもあります。

※混群（こんぐん）＝異なる種同士で構成される群れ

美麗な黒いアイマスク

標準和名　**ヒレンジャク**
学　　名　*Bombycilla japonica*
英　　名　Japanese Waxwing
英名の意味　日本の+レンジャク《蝋+翼》
漢字表記　緋連雀
分　　類　スズメ目レンジャク科レンジャク属*
全　　長　18cm
撮影場所　北海道　札幌市
撮影時期　1月9日
撮 影 者　大橋弘一
*種小名は87ページ参照

全体的にベージュ色を基調とする羽色で、キレンジャクに似ています。レンジャク類特有の独特な形の冠羽と、やはり黒いアイマスクのような過眼線があります。この過眼線はキレンジャクのそれより長く、冠羽の一部にまでのびて食い込んでいるため、キレンジャクよりも長く大きなアイマスクをしているように見えます。全国に飛来する冬鳥で、西日本に多く現れる傾向があります。疎林や公園の林などに群れでやって来て木の実などを食べます。尾羽の先端が鮮やかな濃ピンク色で、腹部は淡い黄色。翼の色調を含め、様々な色彩に満ちた美しい小鳥です。

標準和名　**ヒゲガラ**
学　　名　*Panurus biarmicus*
英　　名　Bearded Reedling
英名の意味　あごひげを生やした+ヒゲガラ《葦の人》
漢字表記　髭雀
分　　類　スズメ目ヒゲガラ科ヒゲガラ属*
全　　長　17cm
撮影場所　フィンランド　エスポー
撮影時期　1月10日
撮 影 者　Markus Varesvuo(a)
*属名はギリシャ語panu非常に(pan全部)+-ouros尾の(oura尾)、種小名はラテン語「ヒゲの小人」

世界でもただ1種だけが知られているヒゲガラ科の鳥。体は小さくて尾羽が長く、雄成鳥では目から垂れ下がったヒゲのように見える黒い斑紋が大きな特徴です。灰色の頭部、茶褐色の体と尾、小さな目なども独特です。中国東北部から東ヨーロッパまでユーラシア大陸に広く分布していますが、日本では、山形県、新潟県、千葉県などで過去数回記録されているに過ぎない迷鳥です。ただ、飼い鳥として輸入されてもいるため、過去の記録には「カゴ抜け」※が含まれているかもしれません。

※カゴ抜け=飼育されている鳥が逃げ出し、野外で見つかったもの

髭(ヒゲ)のような黒マスク

標準和名　**ツバメチドリ**
学　　名　*Glareola maldivarum*
英　　名　Oriental Pratincole
英名の意味　東洋の+ニシツバメチドリ、ツバメチドリ属の総称*
漢字表記　燕千鳥
分　　類　チドリ目ツバメチドリ科ツバメチドリ属
全　　長　25cm
撮影場所　日本　沖縄県　与那国島
撮影時期　3月
撮影者　真木広造(O)
*先に発見された同属種の英名Collared Pratincoleに由来し、語源はそのニシツバメチドリの種小名Pratincolaでラテン語「牧場の住人」。本種の学名もラテン語で属名「砂利」、種小名「モルディブ諸島」

ツバメを大きく力強くしたような印象を受ける鳥で、はばたきと滑翔※を交えたスピード感のある飛び方をします。南西諸島などを中心に、関東地方以南の埋立地や乾燥した草地などで局地的に繁殖する鳥で、数は多くありません。羽色(うしょく)は全体的に灰褐色基調ですが、顔の模様は独特で一度見たら忘れられない強い印象を残します。目から下へ黒い線がヒゲのようにのび、黄色っぽい喉を囲んでいます。嘴(くちばし)の基部は鮮やかな赤で、つまり喉の黄色部は黒い線と赤い線とで縁取りされているように見えるのです。いかにも早く飛べそうな流線型の体つきとともに、ツバメチドリという鳥を印象付ける個性的な顔立ちといえましょう。

※滑翔(かっしょう)＝はばたかずに、翼を広げたまま飛ぶこと

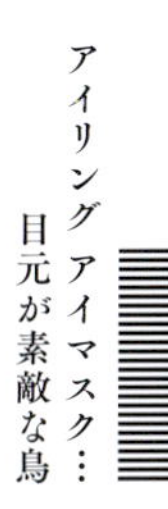

強面(こわもて)の黒いアイマスク

標準和名　**メグロ**
学　　名　*Apalopteron familiare*
英　　名　Bonin Island White-eye
英名の意味　ボニン諸島*1+メジロ《白い目》
漢字表記　目黒
分　　類　スズメ目メジロ科メグロ属*2
全　　長　14cm
撮影場所　日本　東京都　小笠原諸島　母島
撮影時期　5月3日
撮 影 者　John Holmes(a)
*1　小笠原諸島の英語名、無人(ぶにん)の転訛との説もある
*2　属名はギリシャ語「柔らかい羽毛」、種小名はラテン語「通常の」

小笠原諸島にのみ分布する日本固有種で、世界的にも希少な種です。全体的な羽色(うしょく)は黄色と灰色がかった黄緑色を基調としていますが、何といっても目立つのは目の周囲の三角形状の黒い"アイマスク"です。スズメよりも小さく、南の島らしいのんびりした雰囲気の鳥ではありますが、このアイマスクがあるせいでコワモテに見える?かもしれません。額にもT字型の黒斑(こくはん)があります。母島(ははじま)、向島(むこうじま)、妹島(いもうとじま)の照葉樹林(しょうようじゅりん)に通年生息し、暗い林内を基本的な生活の場としています。朝夕には明るい場所にある樹木に来ることもあり、木の実や花蜜、昆虫などを食べます。母島では人家付近でも見られます。

標準和名　**ミコアイサ**
学　　名　*Mergellus albellus*
英　　名　Smew
英名の意味　ミコアイサ*1
漢字表記　巫女秋沙、神子秋沙
分　　類　カモ目カモ科ミコアイサ属*2
全　　長　42cm
撮影場所　イギリス　サセックス州
撮影時期　4月18日
撮 影 者　Roger Wilmshurst(a)

*1　Smewは古ドイツ語Schmeienteより「小さな野生のカモ」との説がある
*2　ラテン語で属名「小さな潜水者」、種小名「白い」

雄の白黒の色合いが特徴的なアイサ類で、おもに九州以北に渡来する冬鳥です。目の周りの黒い部分がパンダを連想させるといわれ、その独特な姿に人気があります。脇には黒く細かい波状斑があり灰色に見えます。雌は頭部の上半分が茶色で、雄とは異なる印象です。数羽から数十羽の群れで行動することが多く、湖面で活発に動き回りながらよく潜水し、魚類や貝類、甲殻類などを捕食します。和名のミコは「巫女」の意味で、この鳥の独特な顔つきが昔の巫女さんの姿（白い着物を着て、目の周りを黒く刺青または化粧していた）を連想させたことがその由来だといわれています。

純白に黒いアイマスク

標準和名　**エリグロアジサシ**
学　　名　*Sterna sumatrana*
英　　名　Black-naped Tern
英名の意味　黒いうなじの+アジサシ
漢字表記　襟黒鯵刺*1
分　　類　チドリ目カモメ科アジサシ属*2
全　　長　30cm
撮影場所　沖縄県　石垣島
撮影時期　7月
撮 影 者　真木広造(O)
*1　アジサシの語源は、魚のアジをとがった嘴で、あたかも刺してとるように捕るからとの説がある
*2　属名は古代英語名Sten,Starn,Stearn（アジサシ）がラテン語化されたもの、種小名はインドネシアの島「スマトラ」

琉球諸島や奄美諸島などの小島や岩礁で繁殖するアジサシ類の一種。他地域ではまれですが、本州などでも記録はあります。翼上面はごく淡い灰色ですが、全体的に白い鳥という印象を受けます。アイマスクのように見える細い過眼線（かがんせん）から後頭にかけての黒色部が目立ちますが、特に後ろの部分が大きな黒斑（こくはん）になっており、これを「後ろ襟」に見立てたことが和名の由来となりました。着物をあまり着ない現代では、むしろ「アイマスクまたはサングラスをかけたアジサシ」とでも呼びたくなるような姿の鳥です。他のアジサシ類同様、ダイビングして小魚を捕食します。

標準和名　**シラオネッタイチョウ**
学　　名　*Phaethon lepturus*
英　　名　White-tailed Tropicbird
英名の意味　白い尾の+ネッタイチョウ《熱帯+鳥》
漢字表記　白尾熱帯鳥
分　　類　ネッタイチョウ目ネッタイチョウ科ネッタイチョウ属*
全　　長　70〜82cm
撮影場所　セイシェル　カズン島
撮 影 者　Wil Meinderts(a)
*ギリシャ語で属名「太陽」(138ページ参照)、種小名「細い尾の」

硫黄列島、小笠原諸島、八重山諸島などに渡来することがあるネッタイチョウ類の一種。南半球の海域を中心に、太平洋から大西洋にかけての広い範囲に分布する海洋鳥です。全体的に白い鳥で、とても細長くて白い尾羽が特徴的です。アカオネッタイチョウに似ていますが、翼上面の一部に黒色部があり、飛翔時に上面に出る逆ハの字型の黒斑(こくはん)が目立ちます。また、よく見ると目の周りは黒く、淡い黄色の嘴(くちばし)とともにアカオネッタイチョウと異なる顔つきを印象づけています。

歌鳥を愛らしく見せる黄色いアイリング

標準和名	**クロウタドリ**
学名	*Turdus merula*
英名	Common Blackbird
英名の意味	通常の+クロウタドリ《黒+鳥》
漢字表記	黒歌鳥
分類	スズメ目ヒタキ科ツグミ属
全長	28cm
撮影場所	日本　沖縄県　八重山郡　与那国町
撮影時期	4月3日
撮影者	大野胖(a)

全身の羽毛が黒褐色の大型ツグミ。おもに南西諸島に渡来する数少ない旅鳥(たびどり)または冬鳥(ふゆどり)で、平地の農耕地などで姿が見られます。世界的には、ヨーロッパや中央アジア、東南アジアなどに分布地があります。雌雄ほぼ同色ですが、雄の方が黒みが強く、また嘴(くちばし)とアイリング(目の周囲の皮膚の裸出部(らしゅつぶ))は濃い黄色で、そのため、目の輪郭がはっきりした愛らしい顔立ちに見えます。雌もほぼ全身が黒っぽいものの褐色みが雄より強く、喉のあたりは褐色と黒の縞模様になっています。

標準和名	**クロツグミ**
学　　名	*Turdus cardis*
英　　名	Japanese Thrush
英名の意味	日本の+ツグミ(愛・内気・知恵などの象徴)
漢字表記	黒鶫
分　　類	スズメ目ヒタキ科ツグミ属*
全　　長	22cm
撮影場所	日本　高知県　高知市
撮影時期	5月4日
撮影者	和田剛一(a)

*種小名はフランス名Merle cardeよりテミンクが1831年に命名。ギリシャ語kardiaは「胃」を意味する。コンラート・ヤコブ・テミンク Coenraad Jacob Temminck(1778–1858)は、オランダの鳥類・動物学者で、シーボルトの「日本動物誌」の編纂では脊椎動物を協同担当した

雄の上面が黒いシックな印象の大型ツグミで、全国的に夏鳥(なつどり)です。明るい広葉樹林などで繁殖します。雄は頭部からの上面および胸が黒く、体下面は白色の地に黒斑(こくはん)のある姿です。嘴(くちばし)とアイリング(目の周囲の皮膚の裸出部(らしゅつぶ))がクロウタドリと同様に黄色で、愛らしい顔立ちに見え、足も黄色っぽい色です。雌は雄の黒色部が茶褐色です。「キョローン、キョコキョコピリィ」などと聞こえるさえずりは声量があり、巧みで、バリエーションも豊富。日本の野鳥の中でも最高峰の美しい歌声です。繁殖分布は日本列島の他は中国大陸のごく限られた範囲に過ぎず、世界的には分布の狭い鳥といえます。

鳥の羽色のしくみ—色素による色と構造色

吉岡伸也
東京理科大学 理工学部 准教授

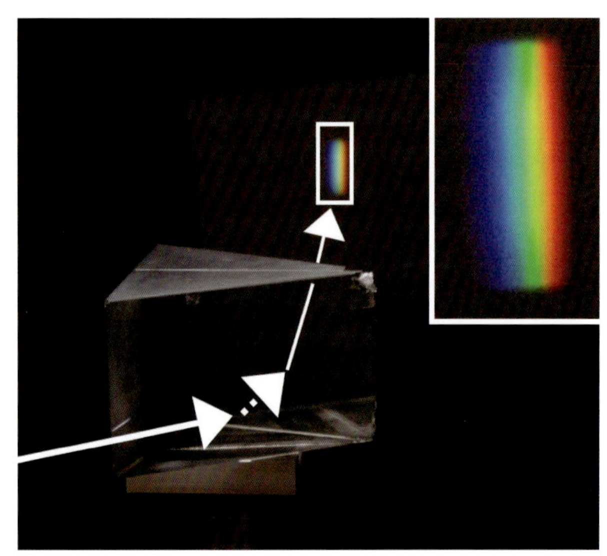

図1：ガラスプリズムにより白色光が七色に分かれる様子

雨上がりにかかる七色の壮大なアーチ-虹は光と色の関係をよくあらわしている。空中に浮かぶ小さな水滴が、太陽の光を七色に分散するのである。同じ現象をガラスプリズムを使った実験（図1）で確かめたのが、万有引力を発見したことで有名なニュートンである。彼は光と色に関する著書の中で、白い光はさまざまな色の光に分けることができること、そしてその逆に、七色の光を集めると光は白く見えることを示した。この発見により、物体に色がついて見えることは次のように説明できる。例えばリンゴが赤く見えるのは、照明光に含まれる七色のうちで赤色の光だけが反射されて私たちの眼に届くからである、と。赤色以外の光はリンゴに含まれる「色素」によって吸収されたのである。色素とは文字通り色の素で、それを混ぜたり加えたりすれば、大部分の色の光を吸収して、残った色に着色することができる。自然界の多くの生物は色素を自分自身でつくり出したり、あるいはフラミンゴのように食物の中にある色素を取り込んだりして体の色をつけているのだ。

ところが、色素がないにも関わらず鮮やかな色が見える場合がある。シャボン玉や音楽のCD（コンパクトディスク）の裏面に虹色が見えるのがその例である。シャボン玉は石けんの膜なので、それ自体は透明であるが、膜が薄くなると虹色に見える。CDの場合にはトラックと呼ばれる細かな筋が規則正しく並んでいることが虹色の原因である。これらの色素によらない色は、物体のミクロな形状（構造）にその原因があるため「構造色」と呼ばれている。構造色を生みだす形状はとても小さい。例えばシャボン玉に鮮やかな色がつくには、膜の厚さが1ミクロン（1ミリの1000分の1）以下にならなければいけない。

構造色は人工物だけに見られるわけではない。驚くべきことに自然界に生息する多くの生物がミクロな構造を操って体表を彩っているのだ。玉虫色をもつタマムシ、青いはねをもつモルフォチョウ、熱帯魚のネオンテトラなどがその代表例として挙げられる。これらの生物の色は、体表にあるミクロな構造が特定の色の光を強く反射させることで生み出されている。鳥のなかまにも構造色で羽色をつくる種類は多い。金属のような輝きをもつハチドリ、見る角度によって微妙に色が変化するクジャクの羽根、ギラリと輝く緑色の頭をもつマガモ、これらはみな構造色である。鳥の羽根に含まれるミクロな構造は種類によってさまざまであるが、代表的な三つのタイプ（ドバトタイプ、クジャクタイプ、カワセミタイプ）を紹介しよう。

三つのタイプのうち、最も単純な構造で色をつけているのはドバトタイプである。公園や駅で見かけるドバト、その首が緑やピンクに色づいているのを恐らく誰もが見たことがあるだろう。鳥の羽根は一般に二回の枝分かれをした構造をもっている（図2）。羽根の軸（羽軸）から両側に分かれた枝は羽枝、さらにその羽枝から分かれた小さな部分は小羽枝と呼ばれている。ドバトの首の色はこの小羽枝がつくる色なのだ。その小羽枝をハサミで切って断面を観察すると、つぶれた袋の中に小さな粒がたくさん詰まっている様子が見える（図3a）。注目してほしいのは袋の部分で、一定の厚さをもつ薄い膜になっている。実はこの膜が羽色の原因である。ちょうどシャボン玉と同じように、薄膜干渉と呼ばれる現象を起こして首の羽色をつけているのだ。

クジャクタイプの構造色は、ドバトタイプと同じく小羽枝の部分に色を生みだす構造がある。断面を観察すると、メラニン顆粒と呼ばれる小さな粒が並んでいる（図3b）。正方形のよう

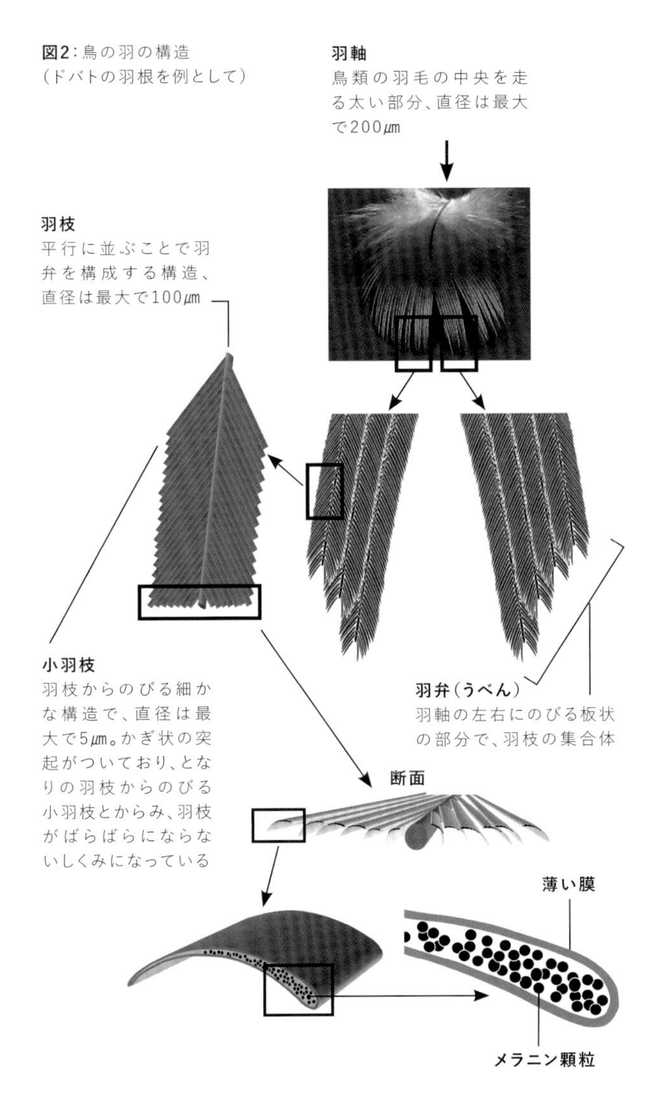
羽軸
鳥類の羽毛の中央を走る太い部分、直径は最大で200μm
羽枝
平行に並ぶことで羽弁を構成する構造、直径は最大で100μm
小羽枝
羽枝からのびる細かな構造で、直径は最大で5μm。かぎ状の突起がついており、となりの羽枝からのびる小羽枝とからみ、羽枝がばらばらにならないしくみになっている
羽弁(うべん)
羽軸の左右にのびる板状の部分で、羽枝の集合体
断面
薄い膜
メラニン顆粒

図2:鳥の羽の構造(ドバトの羽根を例として)

に並んでいるこの粒の間隔が色を決めているのである。クジャクの首の青い羽根や、尾羽の上部を覆う上尾筒の付け根にある黄色い羽根を比較すると、わずかではあるが粒の間隔が異なっており、青い羽根のほうが粒の間隔が短い。クジャクは粒の配列を正確にコントロールして体の色模様を作っているのだ。ギラリと輝く羽色の構造色も、小さな粒の配列によって生み出されている。粒の形状やその並び方は種類によって大きく異なるが、例えばハチドリでは内部に空洞をもつ円盤状の粒が何枚も重なることで、輝く羽色をつくり出している。

三つ目のカワセミタイプはこれまでの二つとは異なり羽枝に色がついている。羽枝の断面にはミクロな網の目があり(図3c)、この複雑な構造がカワセミの青色を生みだしているのだ。しかしその仕組みは単純ではなく、現在でも研究が続けられている。

鳥の羽色全般を眺めると黄色や赤色は色素によるものが多く、青色は構造色で生み出されている場合がほとんどである。自然界には青い色素は少ないため、微細構造を利用して発色するように進化したのかもしれない。さらに構造色は退色に強い特徴をもっている。色素による色が時間の経過とともに退色してしまうのに対して、色を生み出す形さえ壊れなければ構造色は残るのである。そのため同じ剥製でも、黄色や赤色の鳥は色あせてしまい、青い鳥は色が残りやすい。現在ではその特徴を利用して、退色に強い新しい発色材料を作り出す研究が行われている。最後に紹介したカワセミタイプの構造色は、見る方向による色の変化(玉虫色)が少なく、色素による発色と似ている特徴ももつ。カワセミを模倣した微細な構造をつくることができれば、鮮やかで色あせない顔料になるのである。生物は長い進化の過程の結果、様々な工夫をほどこして鮮やかな色を実現している。その工夫を僕たち人間は学び取ろうとしているのである。

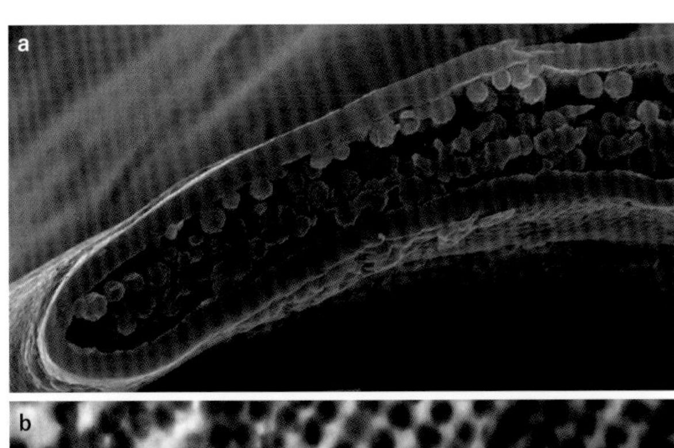
a

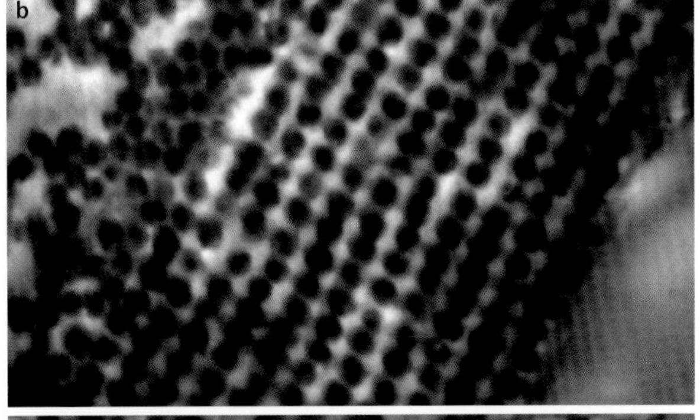
b

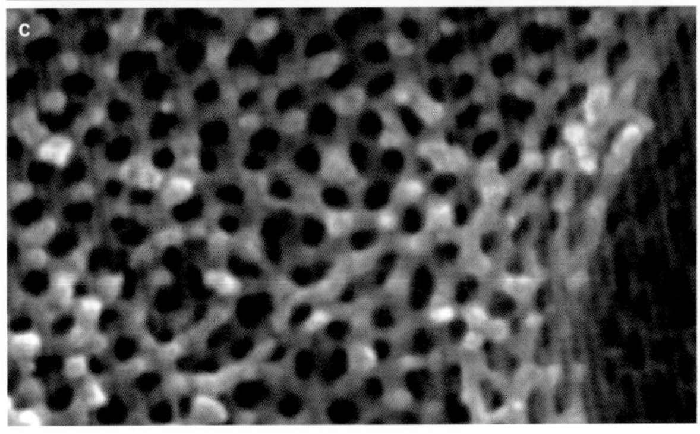
c

図3: a) ドバトの小羽枝の断面、b) クジャクの青い羽根の断面、c) カワセミの羽枝の断面

黄色を愉しむ鳥

※黄色い鳥のマヒワは48頁

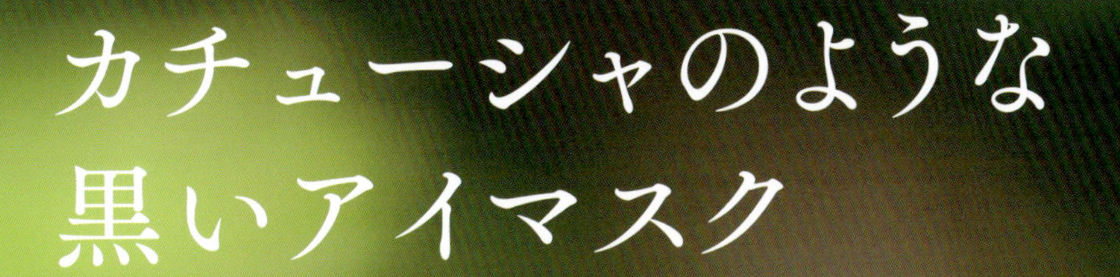

カチューシャのような黒いアイマスク

標準和名	**コウライウグイス**
学名	*Oriolus chinensis*
英名	Black-naped Oriole
英名の意味	黒いうなじの+コウライウグイス*
漢字表記	高麗鶯
分類	スズメ目コウライウグイス科 コウライウグイス属
全長	26cm
撮影場所	ドイツ
撮影時期	12月18日
撮影者	Jurgen & Christine Sohns(a)

*属名はラテン語「黄金色の」で英名にもなっている。種小名「中国の」

日本海側の島々をはじめ、全国的に記録があるものの数少ない旅鳥(たびどり)。埼玉県で繁殖例があります。過眼線(かがんせん)と翼の一部の黒色部を除き、全体的に黄色い羽色(うしょく)の鳥です。じつはこの黒い過眼線は左右が後頭でつながっていて、頭をU字型に取り囲んでいます。見方によってはまるでカチューシャのように見えるのです。雄は後ろの部分が太く、雌はやや細目です。コウライウグイスは、ウグイスと名がつきますが、ウグイス科とは全く別の分類の鳥です。林内を移動しながら昆虫などを捕食します。ふわふわした感じで飛び、「ギャー」などと鳴きます。

尾羽を上下にフリフリ

標準和名 **キガシラセキレイ**
学　　名 *Motacilla citreola*
英　　名 Citrine Wagtail
英名の意味 レモン色+セキレイ《振る+尾》
漢字表記 黄頭鶺鴒
分　　類 スズメ目セキレイ科セキレイ属*
全　　長 17cm
撮影場所 日本　沖縄県　与那国島
撮影時期 4月
撮 影 者 真木広造(O)

*古代ローマの学者マルクス・テレンティウス・ウァロMarcus Terentius Varro(BC116-BC27)は、セキレイを「小さな動くもの」という意味のmotacillaと命名した。命名の理由記録に「尾を常に振る」とあったため、中世の学者が-cillaを「尾」と誤読。以来、鳥の尾を表す学名は-cillaになったという。種小名はラテン語で「レモン色の」

おもに九州以南に渡来する数少ない旅鳥(たびどり)で、農耕地や草地などで観察されます。夏羽(なつばね)の雄は頭部から体下面が鮮やかな黄色で、暗い灰色基調の体上面との対比が鮮やかです。雌は顔などの黄色みはかなり淡く、耳を覆う耳羽(じう)など褐色部もあり、雄とは違った印象です。雄も冬羽(ふゆばね)は雌に似た地味な姿になります。地面を歩き昆虫などを捕食します。なお、本種に限らず、セキレイ類は地上に降り立った時などに長い尾羽を上下に振ります。スマートな体形や尾羽の長さとともにこの動きに気づけば、すぐにセキレイ類だとわかるでしょう。

イザナギ・イザナミの神に男女の手ほどき

標準和名　**キセキレイ**
学　　名　*Motacilla cinerea*
英　　名　Grey Wagtail
英名の意味　灰色+セキレイ《振る+尾》
漢字表記　黄鶺鴒
分　　類　スズメ目セキレイ科セキレイ属*
全　　長　20cm
撮影場所　日本　山形県　河北町
撮影時期　6月
撮 影 者　真木広造(O)
*学名は英名と同じ意味で、種小名はラテン語「灰色の」

全国的に分布するセキレイ類で、北海道では夏鳥(なつどり)、南西諸島では冬鳥(ふゆどり)です。おもに川の上流部に生息し、渓流の鳥という印象があります。雌雄とも体上面は灰色基調で体下面は黄色基調というツートーンカラーの鳥で、雄の夏羽(なつばね)では喉が黒く、色彩的なアクセントになっています。ところで、キセキレイも尾羽を上下によく振りますが、セキレイ類のこの動作から生まれた興味深い説話が伝えられています。イサナギ・イザナミの神にセキレイが尾羽を振って男女の営みを教えたという伝承で、『日本書記』に記述があります。このことから、セキレイは古くは「とつぎおしえどり」などと呼ばれていたそうです。

色模様が
微妙に違う亜種たち

標準和名　**ツメナガセキレイ**
学　　名　*Motacilla flava taivana*
英　　名　Yellow Wagtail
英名の意味　黄色+セキレイ《振る+尾》
漢字表記　爪長鶺鴒
分　　類　スズメ目セキレイ科セキレイ属*
全　　長　17cm
撮影場所　日本　北海道　豊富町
撮影時期　6月29日
撮 影 者　大橋弘一
*学名は英名と同じ意味で、種小名はラテン語「黄色の」、亜種小名「台湾」

北海道北部で局地的に繁殖するほか、日本海側の島々などで渡りの時期に見られる旅鳥。南西諸島では越冬します。日本では5亜種が記録されていますが、最初に発見された原名亜種ツメナガセキレイは、大雑把にいって体の上半分がオリーブ色（緑色みを帯びた褐色）、下半分が黄色という配色です。体上面の地味なオリーブ色に対して腹などの黄色が鮮やかで、目を引きます。他に白い眉斑※が特徴の亜種マミジロツメナガセキレイ、顔が黒く頭部が濃灰色の亜種キタツメナガセキレイなどが知られています。

※眉斑＝目の上の斑紋。眉のように見えることから

標準和名　**キタツメナガセキレイ**
学　　名　*Motacilla flava macronyx*
英　　名　Yellow Wagtail
英名の意味　黄色+セキレイ《振る+尾》
漢字表記　北爪長鶺鴒
分　　類　スズメ目セキレイ科セキレイ属*
全　　長　17cm
撮影場所　日本　沖縄県　与那国島
撮影時期　4月
撮 影 者　真木広造(O)
*学名は英名と同じ意味で、種小名はラテン語「黄色の」、亜種小名はラテン語「長い爪」

標準和名　**マミジロツメナガセキレイ**
学　　名　*Motacilla flava simillima*
英　　名　Siberian Yellow-wagtail
英名の意味　シベリアの+〈黄色+セキレイ《振る+尾》〉
漢字表記　眉白爪長鶺鴒
分　　類　スズメ目セキレイ科セキレイ属*
全　　長　17cm
撮影場所　日本　沖縄県　与那国島
撮 影 者　真木広造(O)
*学名は英名と同じ意味で、種小名「黄色の」、亜種小名「非常に似た」ともにラテン語

眉の白い黄色のヒタキ

標準和名 **マミジロキビタキ**
学　　名 *Ficedula zanthopygia*
英　　名 Yellow-rumped Flycatcher
英名の意味 黄色い腰の+ヒタキ《虫+つかまえる》
漢字表記 眉白黄鶲
分　　類 スズメ目ヒタキ科キビタキ属*
全　　長 13cm
撮影場所 日本　石川県　舳倉島
撮影時期 5月
撮 影 者 真木広造(O)
*属名はラテン語で、黒い帽子姿に変わってイチジクを食べる小さな鳥(ムシクイ)、種小名は英語と同じ「黄色い腰の」

キビタキによく似た鳥ですが、その名のとおり眉斑が白い点が特徴で、翼の白斑もキビタキより大きくて目立ちます。数少ない旅鳥で、日本海側の離島などで春に単独で記録されることが多く、平地から山地の落葉広葉樹林などに出現します。キビタキ同様、雄の体下面の黄色が鮮やかで人目を引きます。雌は全体的には褐色系の地味な羽色ながら、腰は黄色で、喉も少し黄色みを帯びています。林内で枝上を動き回って昆虫類やクモ類を捕食したり、空中に飛び出して浮遊昆虫を捕えるなど、行動もキビタキと似ています。

水仙の花に例えられる美声・美色の小鳥

標準和名　**キビタキ**
学　　名　*Ficedula narcissina*
英　　名　Narcissus Flycatcher
英名の意味　ナルシス（水仙）*+ヒタキ《虫+つかまえる》
漢字表記　黄鶲
分　　類　スズメ目ヒタキ科キビタキ属
全　　長　14cm
撮影場所　日本　石川県　輪島市
撮影時期　5月20日
撮 影 者　江口欣照（a）

*種小名*narcissina*はラテン語narcissinusより「明るい黄色」「スイセンのような色の」を意味し、語源となったギリシャ神話のナルキッソスは死後スイセンの花に変身する。それゆえ英名のNarcissusは花のスイセン属の学名でもある

雄の黄色と黒の配色が美しいヒタキ類の一種で夏鳥です。体上面は黒基調、下面が黄色基調の美しい小鳥。胸から下腹にかけては淡い黄色で、眉斑と腰は濃い黄色、そしてなんといっても、喉のまわりの濃い橙色が目立ちます。この淡い黄色と濃い橙色の美しい取り合わせが、スイセンの花に似ているのが学名や英名の由来です。ちなみに、スイセンの属名*Narcissus*はギリシャ神話に登場する美少年ナルキッソスにちなんだ学名です。ナルキッソスは水面に映った自分の姿に惚れてしまい、恋焦がれて溺れ死んでしまうという役どころで、自己陶酔者を意味するナルシストの語源として有名です。繁殖期のキビタキは多くのレパートリーで、一日中さかんにさえずります。その行動はまるで自己陶酔しているかのようでもあり、神話のナルキッソスを連想させます。そんなキビタキですが、雌は全体的に褐色系で黄色みがない地味な姿をしており、美声でさえずることもありません。

茶色だけじゃない
黄色いホオジロの仲間たち

標準和名　**シマアオジ**
学　　名　*Emberiza aureola*
英　　名　Yellow-breasted Bunting
英名の意味　黄色い胸の+ホオジロ類の鳥
漢字表記　島青鵐
分　　類　スズメ目ホオジロ科ホオジロ属*
全　　長　15cm
撮影場所　日本　北海道
撮影時期　12月18日
撮　影　者　飯村茂樹(a)
*属名は古ドイツ語Embritzよりホオジロ類、
種小名はラテン語「黄金色の、光り輝く」

国内では北海道でのみ繁殖するホオジロ類の一種。ホオジロ類には茶色っぽい羽色(うしょく)の種が多いというイメージがあるかもしれませんが、黄色い色彩のものも何種かいて、時に色鮮やかな姿を見せてくれます。シマアオジはその代表的存在で、雄は頭からの上面は茶色基調、胸以下の下面は鮮やかな黄色基調の羽色で、黄色と茶色の配色の妙は絶品です。雌も黄色基調ですが色はやや淡く、顔や上面は褐色系です。90年代まで北海道の平地の草原で多数が繁殖していましたが、近年は減少傾向が著しく、ほぼ壊滅状態にまで減ってしまいました。海岸沿いの草原などに棲み、「ヒヨヒヨヒーリー」などという哀愁を帯びた控えめなさえずり声も魅力的です。

標準和名　**ズグロチャキンチョウ**
学　　名　*Emberiza melanocephala*
英　　名　Black-headed Bunting
英名の意味　黒い頭の+ホオジロ類の鳥
漢字表記　頭黒茶金鳥
分　　類　スズメ目ホオジロ科ホオジロ属*
全　　長　16cm
撮影場所　沖縄県　与那国島
撮影時期　3月
撮 影 者　真木広造(O)
*属名は古ドイツ語Embritzよりホオジロ類、
種小名は和名・英名と同じでギリシャ語「黒い頭の」

おもに日本海側の離島などに渡来するまれな旅鳥。南西諸島でも記録があります。スズメより少し大きい鳥で、夏羽の雄は頭から頬にかけて黒く、背などは茶褐色、そして体下面は鮮やかな黄色です。雌や幼鳥は全身が褐色基調の羽色で鮮やかな色彩はありません。平地の農耕地や林縁などに出現します。本来の分布地は地中海沿岸などと遠く、また飼い鳥として多数輸入されていることから、カゴ抜け個体による二次的分布の可能性もあると考えられています。

眉やノド、ワンポイントの黄色でエレガンスという名に

標準和名　**ミヤマホオジロ**
学　　名　*Emberiza elegans*
英　　名　Yellow-throated Bunting
英名の意味　黄色いノドの+ホオジロ類の鳥
漢字表記　深山頬白
分　　類　スズメ目ホオジロ科ホオジロ属*
全　　長　16cm
撮影場所　日本　東京都　府中市
撮影時期　1月17日
撮 影 者　江口欣照(a)
*属名は古ドイツ語Embritzよりホオジロ類

頭部の黄色と黒の配色が特徴的なホオジロ類です。全国に局地的に渡来する冬鳥で、疎林や林縁などで草の種子などを拾って食べます。黒褐色の短い冠羽があり、頭部から胸にかけて、上から順に黒、黄、黒、黄、黒という交互の色調。全体的には地味な羽色でも、ワンポイント的に黄色い部分があることで、とても上品な美しさになっていると感じます。学名のエレガンスは文字通り「優雅な」という意味で、この控えめな黄色を象徴している名前なのかもしれません。雌は雄より淡色で、雄の黒い部分は褐色です。

標準和名　**キマユホオジロ**
学　　名　*Emberiza chrysophrys*
英　　名　Yellow-browed Bunting
英名の意味　黄色い眉の+ホオジロ類の鳥
漢字表記　黄眉頬白
分　　類　スズメ目ホオジロ科ホオジロ属*
全　　長　16cm
撮影場所　日本　石川県　輪島市　舳倉島
撮影時期　4月29日
撮 影 者　大野胖(a)
*属名は古ドイツ語Embritzよりホオジロ類、種小名はギリシャ語「金色の眉の」

雌雄とも目の上あたり、眉斑の一部に黄色い部分のあるホオジロ類の一種。その黄色は上下を黒っぽい羽毛で挟まれ、特に雄では頭部がコントラストのはっきりした色彩になっています。背などは茶褐色系の色調です。ミヤマホオジロに似た印象がありますが、黄色部分はさらに小さく、本当にワンポイントです。和名も英名も「眉が黄色い」という意味の名前になっています。日本海の島々などに渡来する旅鳥で、数は多くありませんが、北海道から沖縄まで全国的に記録されています。明るい林や林縁、草地などで4月から5月頃に姿が見られます。

体重わずか5グラム
日本で最小の鳥は黄金の王冠を戴く

標準和名　**キクイタダキ**
学名　*Regulus regulus*
英名　Goldcrest
英名の意味　キクイタダキ《金＋頂上》
漢字表記　菊戴
分類　スズメ目キクイタダキ科キクイタダキ属*
全長　10cm
撮影場所　日本
撮影時期　12月19日
撮影者　野宮昭治(a)
*学名はラテン語で「王子」

日本の野鳥として最も小さく、体重はわずか5g程度。葉陰に楽々隠れてしまうことがよくある小鳥です。本州中部以北で留鳥(りゅうちょう)で、おもに低山から亜高山帯の針葉樹林に生息します。全体的に淡い黄緑色を基調とした羽色(うしょく)で、部位によって灰色、黒、褐色などの色も見えますが、目立つのは頭頂の黄色で、これを菊の花に見立てた和名が付けられました。英名のクレストも「頂き」や「頭のてっぺん」を意味しますので、いうなれば「黄金の王冠」という名前です。雄にはさらに、その黄色部分の真ん中に鮮やかな橙色の部分があるのですが、普段は隠れていてなかなか見えません。

標準和名 **ウィルソンアメリカムシクイ**
学　　名 *Cardellina pusilla*
英　　名 Wilson's Warbler
英名の意味 ウィルソンの+さえずる鳥*1
漢字表記 ウィルソンアメリカ虫喰
分　　類 スズメ目アメリカムシクイ科アカガオアメリカムシクイ属*2
全　　長 12cm
撮影場所 アメリカ　アラスカ
撮影時期 6月2日
撮 影 者 Gerrit Vyn(a)

*1　和名・英名とも米国鳥類学の父と言われるアレキサンダー・ウイルソン Alexander Wilson(1766–1813)の名。実際はさえずるほどではなく、“くちゅくちゅ”という程度に鳴く
*2　属名はイタリアの方言Cardellaゴシキヒワに由来、種小名はラテン語「非常に小さい」

国内では1991年に石川県の舳倉島で1回記録されただけの迷鳥です。分布は、北アメリカ大陸の北部などに繁殖地があり、カリブ海沿岸に越冬地があります。北米の鳥で、日本で再び記録される可能性は高くないでしょう。ベレー帽をかぶったような黒い頭頂が目立ちますが、全体的には黄色基調の羽色で、体上面は緑色がかった褐色です。舳倉島での観察では林縁や、マツ林、疎林のような環境にいたそうです。さえずりは「チーチーチー」など。地鳴きは小声で「チンチン」だということです。

法隆寺のある斑鳩（いかるが）の里は、黄金の嘴（くちばし）の鳥が由来？

標準和名　**イカル**
学　　名　*Eophona personata*
英　　名　Japanese Grosbeak
英名の意味　日本の+円錐形の大きな嘴をもつ鳥*1
漢字表記　鵤、桑鳲
分　　類　スズメ目アトリ科イカル属*2
全　　長　23cm
撮影場所　日本　長野県　茅野市
撮影時期　6月
撮 影 者　小野里隆夫(a)

*1　gross大きな(原義)+beak嘴
*2　属名はギリシャ語「夜明けの鳴き声(に声を出す、に声の大きな)」、種小名はラテン語「仮面をかぶった」

北海道から九州にかけて分布する留鳥（りゅうちょう）で、灰色と紺色の配色の大柄な小鳥です。黄色の大きな嘴も目立ちますが、全体的には灰色基調の鳥で、体上面も下面も典型的な灰色です。ただ、よく見ると肩羽（かたばね）などの灰色は微妙に褐色みを帯びている場合があります。また、飛翔時には灰色よりもむしろ翼の紺色と白帯（しろおび）が目立ちます。和名は奈良県の「斑鳩の里」にちなんだものという説がありますが、これは聖徳太子がこの鳥の仲睦まじい様子に感じ入り、『十七条憲法』の「和をもって貴しとなす」のヒントにしたという言い伝えによるものです。そう、斑鳩の里は法隆寺で知られる聖徳太子ゆかりの地なのです。

標準和名 **コイカル**
学　　名 *Eophona migratoria*
英　　名 Chinese Grosbeak
英名の意味 中国の+円錐形の大きな嘴を持つ鳥*1
漢字表記 小斑鳩、小鵤
分　　類 スズメ目アトリ科イカル属*2
全　　長 19cm
撮影場所 日本　大阪府　大阪市　大阪城公園
撮影時期 12月29日
写真提供 GYRO PHOTOGRAPHY(a)

*1　gross大きな(原義)+beak嘴
*2　属名はギリシャ語「夜明けの鳴き声(に声を出す、に声の大きな)」、種小名はラテン語「渡り鳥、放浪者」

イカルに近縁の鳥で、その名のとおりイカルより小柄です。西日本を中心に姿が見られる冬鳥で、数は多くありません。市街地の公園や、街路樹、庭園などに現れます。過去2回、熊本県と島根県で繁殖記録があります。イカルと違って雌雄異色で、雄はイカルに似ますが、頭部の紺色の部分がイカルより大きく、背は褐色を帯びており、また脇が橙褐色である点などが異なります。総じて灰色部分がイカルより小さい印象です。雌には頭部の紺色部分がありません。さえずりは「キーキョ、キーコ」などとイカルに似ています。

緑色を愉しむ鳥

緑色の鳥のメジロ、メグロは 86・87・92 頁

石垣島にやってきた南方の鳥

標準和名 **ズグロヤイロチョウ**
学名 *Pitta sordida*
英名 Hooded Pitta
英名の意味 ずきんをかぶった+ヤイロチョウ*
漢字表記 頭黒八色鳥
分類 スズメ目ヤイロチョウ科ヤイロチョウ属
全長 18cm
撮影場所 ドイツ
撮影時期 6月3日
撮影者 Christian Hutter(a)
*属名とともにPittaは、本来インド南部ドラビダ族のテルグ語で小鳥の意味。種小名はラテン語「くすんだ色の」「みすぼらしい、汚れた」

頭部が黒いヤイロチョウ類の一種で、インドネシアなどアジアの赤道直下からタイ、ミャンマー、インド東部などにかけて分布する鳥です。日本では石垣島で1984年に1度だけ記録されたことのある迷鳥(めいちょう)です。尾羽が短く、足の長い体形などはヤイロチョウに似ていますが、頭部は黒くてその中で頭頂は茶色、胴体は黄緑色基調で、翼の一部は明るい水色、下腹から下尾筒※は鮮やかな赤色で、ヤイロチョウ同様とてもカラフルな鳥です。

※下尾筒(かびとう)=尾羽の付け根部分のうち、下面のこと。上面は上尾筒(じょうびとう)と呼びます

日本でも繁殖する
コバルト色の美しい小鳥

標準和名　**ヤイロチョウ**
学　　名　*Pitta nympha*
英　　名　Fairy Pitta
英名の意味　妖精*1+ヤイロチョウ*2
漢字表記　八色鳥
分　　類　スズメ目ヤイロチョウ科ヤイロチョウ属
全　　長　18cm
撮影場所　日本　高知県　高岡郡
撮影時期　6月17日
撮 影 者　和田剛一(a)
*1　種小名より。ギリシャ神話のニンフ、水の精
*2　属名とともにPittaは、本来インド南部ドラビダ族のテルグ語で小鳥の意味

その名のとおり、全身が様々な色に彩られた派手な姿の小鳥で、おもに本州中部から九州にかけての山林に渡来する数少ない夏鳥(なつどり)です。5月中旬以降に繁殖地に渡来し、雄は高い枝にとまって体を上下に動かしながらさえずります。鳴き声は「ホーヘンホーヘン」「ピフィピフィ」など。羽色(うしょく)は部位によって茶色、淡黄色、黒、赤など多彩ですが、背や翼の基調色となっている緑色と、その端に見える翼の一部のコバルトブルーが特に印象に残ります。暗い林床(りんしょう)でミミズや昆虫類などを捕食します。巣は大木の根元や太い枝の股などにつくります。

頭が赤くない緑のハト

標準和名　**ズアカアオバト**
学　　名　*Treron formosae*
英　　名　Whistling Green Pigeon
英名の意味　口笛+緑+ハト*1
漢字表記　頭赤青鳩、頭赤緑鳩、尺八鳩
分　　類　ハト目ハト科アオバト属*2
全　　長　35cm
撮影場所　日本　沖縄県　国頭村
撮影時期　7月
撮 影 者　真木広造(O)

*1　Pigeonは伝書バトや町中のドバトなどイエバトを含み、Doveより大型のハト。鳥の鳴き声の擬音語を表すラテン語pipireに由来し、ポッポー鳴く若鳥を表した
*2　属名のTreronはギリシャ語でハトを意味するが、語源は「おく病な、内気な、引っ込み思案の」。種小名はラテン語で「台湾の」を表し、本来formosaは「美しい」という意味

屋久島以南の島々の常緑広葉樹林に棲む留鳥で、アオバトとよく似た緑色のハト類です。全身の羽毛が緑色ですが、部位によって濃淡や色調の変化があります。額はやや黄色みを帯び、翼は雄では赤紫色がかり雌では褐色みを帯びます。木の実を好み、草の実もついばみます。アオバトのように海水を飲むことはありません。和名のズアカとは「頭赤」の意味で、これは、台湾の亜種の頭が赤いためです。国内では2亜種が知られており、いずれも頭は赤くありません。繁殖期には「ポアーアオー、ポワーオー」と鳴きます。

ミネラルを求めて 海水を飲むハトは緑色

標準和名 **アオバト　雌**
学　　名 *Treron sieboldii*
英　　名 White-bellied Green Pigeon
英名の意味 白い腹の+緑+ハト
漢字表記 緑鳩
分　　類 ハト目ハト科アオバト属*
全　　長 33cm
撮影場所 日本　北海道　石狩市
撮影時期 8月2日
撮 影 者 藤原茂樹(a)
*属名はギリシャ語で「ハト」「おく病な」、種小名は「Siebold氏の」の意味で、幕末前後に日本で標本採集した蘭学医シーボルト(1796-1866)の名

北海道から九州の山林で繁殖する緑色のハトです。「アオ」という言葉が緑色系の色を指すのは古典的な用法ではありますが、現代語の「青信号」「青リンゴ」「青虫」などの用例からも理解できます。生きものの和名でもアオが緑色を指すケースは数多くあります。アオバトは本州以南では留鳥(りゅうちょう)または漂鳥(ひょうちょう)で、北海道では夏鳥(なつどり)です。部位によって色調の変化はあるものの全体的に黄緑色です。雄は翼の一部が赤紫色です。よく繁った深い森に棲み、木の実などを好んで食べます。夏から秋にかけて群れで海岸に現れて海水を、温泉の源泉に現われて温泉水を飲む珍しい習性がありますが、これはミネラル分の補給のためと考えられています。

標準和名　**アオバト**　雄
撮影場所　日本　北海道　寿都町
撮影時期　8月18日
撮影者　大橋弘一

金緑に輝く羽の小さなハト

標準和名　**キンバト**
学　　名　*Chalcophaps indica*
英　　名　Emerald Dove
英名の意味　エメラルド+ハト*1
漢字表記　金鳩
分　　類　ハト目ハト科キンバト属*2
全　　長　25cm
撮影場所　タイ
撮影時期　11月27日
撮 影 者　Neil Bowman(a)

*1　Doveドウブ、ダブとはPigeonピジョンより小型の野生のハトで、平和の象徴ともされる
*2　属名はギリシャ語「ブロンズのハト」、種小名はラテン語「インドの」

先島(さきしま)諸島に分布する色彩豊かな小型のハトです。頭は銀色、嘴(くちばし)と足は朱色、顔の下半分から体全体にかけては赤みがかった紫色と、じつに華やかな色彩の鳥ですが、特に目立つのは翼の緑色です。光沢のある濃い緑色で、他の鳥にはない鮮やかな色調です。雌は全体に褐色みを帯びますが、雄は特筆すべき華やかさです。林内の暗い場所にいることが多く、おもに地上で木の実や草の種子などを食べます。繁殖期に雄はゆっくりと小さい声で「ウー、ウーッ、ウーッ」と繰り返して鳴きます。

カラスのように 黒く輝く胸の緑が美しい

標準和名 **カラスバト**
学　　名 *Columba janthina*
英　　名 Japanese Wood Pigeon
英名の意味 日本の+モリバト《木+ハト》
漢字表記 烏鳩
分　　類 ハト目ハト科カワラバト属*
全　　長 40cm
撮影場所 日本　沖縄県　宮古島
撮影時期 10月14日
撮 影 者 本若博次(a)
*ラテン語で属名「ハト」、種小名「すみれ色の」

日本列島とその周辺の島々に生息する分布の狭い大型のハトです。かつては紀伊半島や三浦半島にも生息していましたが、現在では南西諸島や伊豆諸島、小笠原諸島などの離島以外ではまれにしか見られません。姿は、一見全身真っ黒に見えますが、頭部や背などは赤紫色で、頸部から胸にかけては濃い緑色に輝く光沢があります。体の大きさの割に頭が小さく、独特のシルエットです。繁殖期に雄は「グルルルー、ウーウー」と迫力ある低音で鳴きます。スダジイやヤブツバキなどが繁った照葉樹林に暮らし、樹上で木の実を食べます。

標準和名　**アオゲラ**
学　　名　*Picus awokera*
英　　名　Japanese Green Woodpecker
英名の意味　日本の+緑+キツツキ《木+つつく鳥》
漢字表記　緑啄木鳥
分　　類　キツツキ目キツツキ科アオゲラ属*
全　　長　29cm
撮影場所　日本　東京都
撮影時期　2月
撮 影 者　井田俊明(a)
*学名の種小名awokeraは日本語のアオゲラより。属名のPicusはローマ伝説の神話的な王の名で古来よりキツツキを表す。魔女キルケーの求愛を拒絶し、美しいニンフで歌姫のカネンスと結婚したため、魔女の魔薬によりラテン語でPicusピクスと呼ばれるキツツキに変えられた

本州から屋久島にかけて分布する日本固有種のキツツキです。背からの体上面が褐色みのある緑色で、部位によって濃淡や色調の変化はありますが、全体的に「緑色の鳥」という印象があります。頭部は灰色で、頭頂から後頭(雌は後頭のみ)などの赤色部が目立ち、また下面では腹から下の黒い波型模様が独特です。生息場所としては広葉樹林や、広葉樹と針葉樹とが混生する森林を好みます。木の幹をよくつつき、樹皮の隙間などにいる小さな昆虫類、とくにアリなどを捕食します。秋から冬は木の実もよく食べます。繁殖期には雌雄とも「ピョーピョーピョー」と鳴きます。

日本を代表する緑のキツツキたち

標準和名　**ヤマゲラ**
学　　名　*Picus canus*
英　　名　Grey-headed Woodpecker
英名の意味　灰色の頭の+キツツキ《木+つつく鳥》
漢字表記　山啄木鳥、山緑啄木鳥
分　　類　キツツキ目キツツキ科アオゲラ属*
全　　長　30cm
撮影場所　日本　北海道　旭川市　旭山
撮影時期　2月
撮 影 者　神田博(O)
*ラテン語で属名「キツツキ」、種小名「灰色の」

アオゲラと近縁の鳥で、国内では北海道にのみ分布します。津軽海峡を隔てて異なる種が分布することを示す動物分布境界線「ブラキストン線」を象徴する鳥のひとつです。羽色はアオゲラと似ており、背や翼の黄緑色部が印象的です。頭部の赤色部はアオゲラより小さく、雄で頭頂の前側のみ、雌では全くありません。北海道では全域に分布し、平地から山地の森に周年生息します。樹木に潜む昆虫などを捕食し、秋冬には木の実もよく食べ、餌台の牛脂も食べます。「ピョーピョーピョー」という鳴き声もアオゲラに似ていますが、アオゲラよりもよく鳴く印象があります。

少し小さな緑のホオジロ

標準和名　**アオジ**
学　　名　*Emberiza spodocephala*
英　　名　Black-faced Bunting
英名の意味　黒い顔の+ホオジロ類の鳥
漢字表記　青鵐*1、蒿鵐、蒿雀
分　　類　スズメ目ホオジロ科ホオジロ属*2
全　　長　16cm
撮影場所　日本　北海道　芽室町
撮影時期　5月8日
撮 影 者　宮本昌幸

*1　アオジは緑色の「しとと」(ホオジロ類の古名)である「あをじとと」が略されたもの

*2　属名は古ドイツ語Embritzよりホオジロ類、種小名はギリシャ語「灰色の頭の」

全体として黄緑色と黄色を基調とする羽色(うしょく)のホオジロ類で、ホオジロよりわずかに小さい鳥です。本州中部以北では留鳥(りゅうちょう)または夏鳥(なつどり)、それ以南ではおもに冬鳥(ふゆどり)です。雄は頭部が緑色がかった灰色で、目先は黒、体下面は黄色基調、上面は褐色基調です。雌は全体に淡色です。平地から山地の森や林縁(りんえん)などに棲み、林内の低層部で昆虫や草の種子などを食べます。ゆっくりしたテンポで「チッチョッ、ピーチョッ、チリリ」などとさえずりますが、あまり声量がなく、オオルリやクロツグミがさえずっている森ではアオジのさえずりは本当にささやかな声に感じます。

標準和名　**ソウシチョウ**
学　　名　*Leiothrix lutea*
英　　名　Red-billed Leiothrix
英名の意味　赤いくちばしの+ソウシチョウ*
漢字表記　相思鳥
分　　類　スズメ目チメドリ科ソウシチョウ属
全　　長　15cm
撮影場所　日本　東京都　府中市
撮影時期　11月24日
撮 影 者　高橋喜代治(a)
*属名や英名のLeiothrixは、ギリシャ語「なめらかな羽毛」、種小名「鮮黄色、サフラン色」

近年、生物多様性保全の観点から、在来の生態系を混乱させる「侵略的外来種」のひとつとして注目されている小鳥です。インド北部、ミャンマー北部、ベトナム北部などに分布し、日本では江戸時代頃から愛玩用として輸入・飼育されてきましたが、1970年代からカゴ抜けで野生化した個体が増え始め、現在では本州中南部、四国、九州などで繁殖しています。ササの茂った低山の広葉樹林に棲み、昆虫や果実などを食べます。全体的には灰色がかった緑褐色の色調で、喉や翼の黄色い部分や目の周囲の淡色部分が目立つ、なかなか美しい鳥です。さえずりもクロツグミに似た美声といわれます。大きさはスズメとほぼ同じくらいです。

かつて愛された美鳥は侵略的外来種

白色を
愉しむ鳥

標準和名 **コサギ**
学　　名 *Egretta garzetta*
英　　名 Little Egret
英名の意味 小さい+シラサギ
漢字表記 小鷺
分　　類 ペリカン目サギ科コサギ属*
全　　長 61cm
撮影場所 日本 埼玉県 新座市
撮影時期 4月16日
撮 影 者 藤本雅秋(a)
*属名はフランス語Aigretteシラサギ、種小名はイタリア語「小さなシラサギ」

いわゆるシラサギ類の代表種のひとつですが、最近各地で減っています。嘴（くちばし）は黒く、成鳥では足も黒いですが指だけは黄色く、他の種と見分けるポイントになります。湖沼や河川などの水辺にいることが多く、止水域では水中で足を震わせて魚をおびき出し捕えます。ところで、サギの名前の語源についてはいくつかの説がありますが、白い色を指す「さやけき」が縮まった語であるともいわれています。さやけきとは元来鮮やかで澄んでいるものを意味し、透明感のある白い色を指すものと考えられます。シラサギ類は白い鳥の中でもその鮮やかな白さが一目置かれた存在だったのかもしれません。

白鷺とは透明感のある白

標準和名　**オオハクチョウ**
学　　名　*Cygnus cygnus*
英　　名　Whooper Swan
英名の意味　オオハクチョウ《ほーほーと鳴くもの+ハクチョウ》
漢字表記　大白鳥
分　　類　カモ目カモ科ハクチョウ属*
全　　長　140cm
撮影場所　日本　北海道
撮影時期　3月1日
撮 影 者　Wim van den Heever(a)

*学名の*Cygnus*シグナスは、ギリシャ神話に登場し、ゼウスの雷光で川に落ちた親友ファエトーン(パエトーン、138ページ)を白鳥に変わって探した。パエトーンの父アポロンは、いつまでも探し続けるシグナスを天に上げた。それゆえ今でも、はくちょう座を英語でCygnusという

その名のとおりコハクチョウより大柄のハクチョウ類で、やはり冬の風物詩と呼ばれる代表的な冬鳥(ふゆどり)です。渡来地はコハクチョウと比べて北寄りで、東北地方から北海道にかけて越冬します。姿はコハクチョウに似ていますが、体の大きさのほか、嘴(くちばし)の黄色部が大きく黒色部が小さいことで容易に識別できます。白く大きな鳥であるハクチョウ類は、古来、各地で神聖な見方をされてきましたが、その理由は、日本最古の英雄といわれる日本武尊の生まれ変わりがハクチョウだという俗信に基づいています。そして、今も各地に現存する「白鳥神社」や「白鳥明神」は、日本武尊が姿を変えたハクチョウを祀っているのです。

日本武尊（やまとたけるのみこと）の化身とされる白い鳥

嘴の黄色い部分で見分ける

標準和名　**コハクチョウ**
学　　名　*Cygnus columbianus*
英　　名　Tundra Swan
英名の意味　ツンドラ*1+ハクチョウ
漢字表記　小白鳥
分　　類　カモ目カモ科ハクチョウ属*2
全　　長　120cm
撮影場所　日本　千葉県　印西市
撮影時期　1月3日
撮 影 者　野口正裕
*1　ユーラシアと北アメリカの両極北部にあるツンドラ地帯で巣作りをすることによる
*2　属名はラテン語「ハクチョウ」(130ページ)、種小名は北米大陸を流れる「コロンビア川の」

日本に渡来する冬鳥の代表格で、オオハクチョウとともに多数が見られるなじみ深いハクチョウです。渡来地は日本海側に多く、東北地方から北陸、山陰地方に及び、西日本で見られるハクチョウ類は本種が中心です。成鳥は全身の羽毛が白く、嘴は基部が黄色で先端部が黒、足は黒色です。幼鳥や若鳥は全身の羽毛が灰褐色です。ところで、古代西洋史にもハクチョウ類の変身の伝説があります。ギリシャ神話の最高神ゼウスは美女レダを誘惑するために美しいハクチョウに変身したとされ、これをモチーフにした絵画や彫刻が多数伝えられています。ハクチョウ類の白い色は、人々に変身願望を抱かせる美しさなのかもしれません。

標準和名 **チュウサギ**
学　　名 *Egretta intermedia*
英　　名 Intermediate Egret
英名の意味 中間の+シラサギ
漢字表記 中鷺
分　　類 ペリカン目サギ科コサギ属*
全　　長 69cm
撮影場所 日本　高知県　南国市
撮影時期 7月
撮 影 者 和田剛一(a)

* 属名はフランス語Aigretteシラサギ、種小名はラテン語「中間の」

全身が白い、いわゆるシラサギ類の一種で、コサギより大きく、ダイサギより小さい鳥です。つまり、この鳥の和名は、シラサギ類としては中くらいの大きさであることを示しています。おもに本州以南に渡来する夏鳥(なつどり)で、湿地や水田、湖沼、河川でも食物を採りますが、比較的乾いた草地にもしばしば現れます。夏羽(なつばね)、冬羽(ふゆばね)とも全身の羽毛は白く、嘴の色が夏羽では黒く、冬羽では黄色くなります。また、夏羽はレースのような飾り羽が出るうえ、婚姻色(こんいんしょく)になると虹彩が赤く、目先が黄緑色になってひときわ華麗な姿となります。

中くらいの大きさの白鷺だから

北の氷の海から やってくる白いカモメたち

標準和名	**シロカモメ**
学名	*Larus hyperboreus*
英名	Glaucous Gull
英名の意味	白い粉でおおわれた+カモメ
漢字表記	白鴎、白鷗
分類	チドリ目カモメ科カモメ属*
全長	71cm
撮影場所	日本　北海道　羅臼町
撮影時期	2月14日
撮影者	戸塚学(a)

*ラテン語で属名「カモメ」「肉食の海鳥」、種小名「北の、極北の」

おもに北日本に渡来する冬鳥(ふゆどり)で、日本で見られるカモメ類中、最大の種です。翼開長※は160cmにも及びます。繁殖地の北極海沿岸から渡来する「白いカモメ」で、他の大型カモメ類と比べて背や翼の灰色が最も淡く、特に1年目の冬羽(ふゆばね)ではほとんど全身が白い鳥に見えます。北海道では冬季、普通に見られますが、南へ行くほど少なくなり、東海地方以西ではまれにしか見られません。ワシカモメやセグロカモメなど、他の大型カモメ類の群れに混じっていることが多く、鳴き声はオオセグロカモメとよく似ています。

※翼開長(よくかいちょう)=翼を広げた両翼の先端から先端までの直線距離

標準和名　**ゾウゲカモメ**
学　　名　*Pagophila eburnea*
英　　名　Ivory Gull
英名の意味　象牙色+カモメ
漢字表記　象牙鴎
分　　類　チドリ目カモメ科ゾウゲカモメ属*
全　　長　43cm
撮影場所　ノルウェー
撮影時期　6月29日
撮影者　Jasper Doest(a)
*属名はギリシャ語「海氷を好む」、ラテン語「象牙色の、アイボリーホワイト」

北極海の島々で繁殖する中型のカモメで、冬にはやや南下するものの、基本的には北極海周辺から離れず、通常は日本列島まで南下してくることはありません。国内では北海道、青森県、千葉県で記録があるだけの迷鳥（めいちょう）です。ずんぐりした体形で頭は小さくて丸く、足が短い点が形態上の特徴ですが、何といっても成鳥の羽毛が冬羽（ふゆばね）も夏羽（なつばね）も全身白いことが一番の特徴であり、艶のある純白を象牙に例えた和名が付けられています。また、虹彩が黒いため、可愛らしい顔つきに見えます。「キュイー」などと鳴き、ゆっくりした羽ばたきで海上を飛びながら、水面に浮かび上がった食物をつまみ取って食べます。

標準和名　**アイスランドカモメ**
学　　名　*Larus glaucoides*
英　　名　Iceland Gull
英名の意味　アイスランド+カモメ
漢字表記　氷島鴎
分　　類　チドリ目カモメ科カモメ属*
全　　長　56cm
撮影場所　アイスランド　ヨークルスアゥルロゥン（氷河湖）
撮影時期　6月7日
撮 影 者　Gerard de Hoog (a)
*ラテン語で属名「カモメ」「肉食の海鳥」、種小名「シロカモメに似た」(134ページ)

グリーンランドなどで繁殖し、アイスランドやイギリス、カナダの大西洋側などで越冬する大型カモメです。国内ではごくまれな冬鳥で、関東以北の海岸や港で記録されます。羽色はシロカモメによく似ていますが、体はセグロカモメよりもやや小さく、体形をよく見ると頭部が小さめで丸みが強く、嘴も短くて小ぶりであるなど、シロカモメとの違いが認められます。ただ、個体差もあるため、シロカモメとの識別は容易ではありません。

白馬の戦車で天翔（あまかけ）る美少年に喩えられる熱帯鳥

標準和名　**アカオネッタイチョウ**
学　　名　*Phaethon rubricauda*
英　　名　Red-tailed Tropicbird
英名の意味　赤い尾の+ネッタイチョウ《熱帯+鳥》
漢字表記　赤尾熱帯鳥
分　　類　ネッタイチョウ目ネッタイチョウ科ネッタイチョウ属*
全　　長　108〜120cm
撮影場所　不明
撮影時期　9月20日
撮 影 者　Mike Watson (a)
*属名Phaethonは、ギリシャ神話の太陽神ヘリオス（アポロン）の息子ファエトーン（パエトーン）の名で、父親の太陽の戦車で天界を飛翔して大災害をもたらし、ゼウスの雷で撃ち殺された（130ページ参照）。種小名はラテン語「赤い尾」

南鳥島（みなみとりしま）、硫黄列島で繁殖するネッタイチョウ類の一種。台風通過によって本州へも迷行することがあり、各地で記録されています。成鳥は全身が白く、嘴（くちばし）と、非常に長い尾が赤いことが特徴です。海上を飛び回りながら魚類などの獲物を探し、見つけると停空飛翔※で狙いを定め、飛び込んで捕えます。また、海面すれすれに飛んで嘴ですくうようにしてプランクトンなどを捕食することもあります。ネッタイチョウ類は熱帯の海域に分布する海洋鳥で、体はカラス大ですが中央2枚の尾羽が極端に長い鳥たちです。

※停空飛翔＝ホバリング。空中の一点に静止する飛び方のこと

標準和名　**コアジサシ**
学　　名　*Sterna albifrons*
英　　名　Little Tern
英名の意味　小さい+アジサシ
漢字表記　小鯵刺
分　　類　チドリ目カモメ科アジサシ属*
全　　長　28cm
撮影場所　日本　沖縄県　石垣市　石垣島
撮影時期　5月
撮 影 者　本若博次（a）

*種小名albifrons はラテン語で「白い額」。属名は古代英語sten,starn,stearn(アジサシ) がラテン語化されたもの、種小名は「albus 白+frons 額・前面」

アジサシ類は、翼も尾羽も細長く、体形もスマートな海鳥の一群です。細くとがった嘴をうまく使い、水中に飛び込むなどして魚を捕食します。南方系の鳥で、国内では南西諸島や小笠原諸島で繁殖する種が多いのですが、そんな中でコアジサシは九州以北で繁殖する唯一のアジサシ類です。本州以南の川の中州や荒れ地、埋め立て地などで集団で営巣し、一般に最も目にする機会の多いアジサシ類といえます。頭上や過眼線などが黒く、翼上面などが明るい灰色ですが、全体的には白っぽい鳥という印象を受けます。「キリッキリッ」「キリリリリリリー」などと鳴きます。

白い雪原を舞う
美しい白い猛禽類たち

標準和名　**シロハヤブサ**
学　　名　*Falco rusticolus*
英　　名　Gyrfalcon
英名の意味　シロハヤブサ*
漢字表記　白隼
分　　類　ハヤブサ目ハヤブサ科ハヤブサ属
全　　長　雄53cm　雌57cm
撮影場所　日本　北海道　森町
撮影時期　2月27日
撮 影 者　和田剛一(a)

*英名ジャーファルコン(Gyr-+ハヤブサ)のGyr-は、その大きさから古ドイツ語の「ハゲワシ」、もしくはジャイロ(Gyro)の英語が残っているように、獲物を捕るときの行動からラテン語で「円」「曲線軌道」に由来するとの説がある。学名の属名Falcoは語源のラテン語も同じつづりでハヤブサを意味し、falx,falcis鎌に由来する。種小名はラテン語「田舎者」

ハヤブサ類の最大種で、翼開長(よくかいちょう)は1mを超えます。おもに北海道に渡来する数少ない冬鳥(ふゆどり)で、海岸部などに現れ、カモメ類やカモ類など大きな鳥類を中心に捕食します。羽色(うしょく)には淡色型・中間型・暗色型があり、淡色型の成鳥は全身白色で、翼などに黒褐色の小さい斑(はん)を散らしたような羽色で、白く美しい猛禽です。幼鳥は茶褐色基調の羽色です。北半球の高緯度地域に広く分布しており、繁殖地は北極海沿岸です。その美しさと狩りの見事さから、中世ヨーロッパでは「最も高貴な鳥」とされ、国王クラスだけが所有できる鷹狩り用の鳥だったといわれています。

標準和名 **シロフクロウ**
学　　名 *Bubo scandiacus*
英　　名 Snowy Owl
英名の意味 雪のような+フクロウ
漢字表記 白梟
分　　類 フクロウ目フクロウ科ワシミミズク属*
全　　長 52〜71cm
撮影場所 カナダ　ケベック州
撮影時期 2月26日
撮 影 者 PREAU Louis-Marie

*長らくワシミミズク属Buboに分類されてきたが、現在ではシロフクロウ属Nycteaという独立した属に分類する研究者も増えてきた。種小名はラテン語「北欧」

全身が白色基調の羽色をした大型のフクロウで、国内ではおもに北海道に渡来するまれな冬鳥です。世界的には北極圏のほぼ全域に分布します。見晴らしのきく草原などで、ゆっくりとした羽ばたきで飛び、ネズミ類など小型哺乳類を捕食します。フクロウ類の多くは夜に狩りをしますが、本種は昼間も狩りを行います。雌や若い個体は翼の一部などに小さな黒斑が多数ありますが、成長するにつれて白色部が多くなり、雄成鳥では全身が白色です。羽角※はありません。北海道の大雪山系では高山帯の草原地帯で越夏※した例があり、ナキウサギなどを捕食していました。

※羽角＝フクロウ類で、頭の上に飛び出したように付いている一対の飾り羽。まるで哺乳類の耳のように見えます
※越夏＝越冬した個体や若鳥が繁殖地へ渡らずに夏を過ごすこと

標準和名　**ハクガン**
学　　名　*Anser caerulescens*
英　　名　Snow Goose
英名の意味　雪+ガン
漢字表記　白雁
分　　類　カモ目カモ科マガン属*
全　　長　67cm
撮影場所　日本　北海道　浦幌町
撮影時期　3月2日
撮 影 者　戸塚学(a)
*ラテン語で属名「ガン」、種小名「青みがかった」

全体的に白いガン類で、本州に渡来する数少ない冬鳥であり、北海道では旅鳥です。マガンよりやや小さく、嘴と足がピンク色、翼の一部は黒色です。明治時代初期までは多数が渡来していましたが、その後激減し、滅多に見られない状態が続いていました。近年は保護増殖活動の成果で少しずつ渡来数が増え、宮城県や北海道には毎年群れが渡来するようになりました。マガンなどの群れと一緒にいることがあり、農耕地で落ち穂を拾ったり植物の根などを食べたりします。胸や腹、背が濃い青灰色をした青色型があり、俗にアオハクガンと呼ばれます。

古来より敬われる山の白い霊鳥

標準和名	**ライチョウ**
学　　名	*Lagopus muta*
英　　名	Rock Ptarmigan
英名の意味	岩+ライチョウ
漢字表記	雷鳥
分　　類	キジ目キジ科ライチョウ属*
全　　長	37cm
撮影場所	日本　富山県　立山
撮影時期	4月
撮 影 者	山形則男(a)

*属名はギリシャ語「野ウサギのように脚に羽毛のある+鳴き声の静かな」、種小名はラテン語「声を出さない」

真正の高山鳥※として日本で唯一の存在です。中部山岳地帯の高山帯に棲む留鳥（りゅうちょう）で、夏と冬とで大きく羽色（うしょく）を変えます。冬羽（ふゆばね）では全身が白く、足指の先まで白い羽毛に覆われた耐寒仕様で、雄は赤い肉冠※が目立ちます。夏羽（なつばね）では雄の上面は黒褐色基調、雌は褐色基調となり、冬の白い姿とは全く異なります。古くから高山にいる鳥として知られ、平安時代から「らいのとり」と呼ばれ、江戸時代から「らいちょう」へと変化しました。「らい」とは霊の意味で、俗界とは異なる神の領域である高山の鳥としての畏敬の念が込められた呼び名なのです。それが、いつの頃からか「らい」に雷の字を当てるようになり、雷との関連を語る俗信が生まれました。

※高山鳥（こうざんちょう）＝高山帯に1年中棲む鳥
※肉冠（にくかん）＝肉質の突起物

繁殖地の夏羽(なつばね)では純白の頬に変身

標準和名	**ユキホオジロ**　冬羽
学　　名	*Plectrophenax nivalis*
英　　名	Snow Bunting
英名の意味	雪+ホオジロ類の鳥
漢字表記	雪頬白
分　　類	スズメ目ツメナガホオジロ科ユキホオジロ属*
全　　長	16cm
撮影場所	日本　北海道　森町
撮影時期	2月9日
撮 影 者	大橋弘一

*属名はギリシャ語「ニワトリのけづめ+詐欺師(誇示すること)」、種小名はラテン語「雪のような、雪のように白い」

白を基調とする色彩の小鳥で、おもに北海道の海岸付近の草地などに渡来する冬鳥(ふゆどり)です。数は多くなく、国内では北海道以外で見られることは稀ですが、本州でも毎年のように渡来する場所もあります。北海道では数羽から数十羽の群れで現れるのが普通です。日本で観察される機会の多い冬羽(ふゆばね)では、頭部などに橙色部分、翼などに黒褐色部分がありますが、全体としては白っぽく、一見した印象はまさに「白い小鳥」です。夏羽は背や翼の一部が黒くなり、「白黒の鳥」といった印象になります。地上を歩いて草の種子などを拾い食べ、特にハマニンニクを好みます。

標準和名 **ユキホオジロ** 夏羽
撮影場所 アメリカ アラスカ州
撮影時期 不明
撮影者 Alan Murphy(a)

日本で二番目に小さな鳥は、尾羽が長い

標準和名　**シマエナガ**
学　　名　*Aegithalos caudatus japonicus*
英　　名　Long-tailed Tit
英名の意味　長い尾の+シジュウカラ科の小鳥
漢字表記　島柄長
分　　類　スズメ目エナガ科エナガ属*
全　　長　14cm
撮影場所　日本　北海道　新得町
撮影時期　2月22日
撮 影 者　宮本昌幸
*属名はギリシャ語で「Tit(カラ類)」、種小名はラテン語「尾をした、尾をもつ」、種小名はラテン語「日本の」(87ページ)

標準和名　**エナガ**
学　　名　*Aegithalos caudatus trivirgatus*
英　　名　Long-tailed Tit
英名の意味　長い尾の+シジュウカラ科の小鳥
漢字表記　柄長
分　　類　スズメ目エナガ科エナガ属*
全　　長　14cm
撮影場所　オランダ　ユトレヒト
撮影時期　2月27日
撮 影 者　Peter van der Veen (a)
*亜種小名はラテン語「3本の縞のある」

白色基調の羽色(うしょく)をした小さな体の小鳥で、九州以北の林に棲む留鳥(りゅうちょう)です。黒くて太い眉斑(びはん)が背の黒色部につながっており、翼の一部や尾羽にも黒色が目立ちます。背には淡いピンク色が入り、尾羽はとても長く、全体として可憐な印象で、人気があります。国内4亜種が知られており、北海道の亜種シマエナガは成鳥では頭部全体が白く、他の亜種とは印象が異なります。身軽な動きで枝先を飛び回ったり、ぶら下がったりして、小さな虫などを捕食します。秋冬には他種(コガラやシジュウカラなど)とともに混群(こんぐん)をつくって林内を巡り、意外と低い声で「ジュルルル」「ジュルリ」と鳴きます。

極彩色を
愉しむ鳥

標準和名 **ケワタガモ**
学　　名 *Somateria spectabilis*
英　　名 King Eider
英名の意味 王+ケワタガモ
漢字表記 毛綿鴨
分　　類 カモ目カモ科ケワタガモ属*
全　　長 56cm
撮影場所 アイスランド
撮影時期 6月7日
撮 影 者 Cyril Ruoso (a)
*属名はギリシャ語「体に羊毛をまとった」、種小名はラテン語「注目すべき、人目を引く」

北極海沿岸で繁殖する大型の海ガモで、越冬地はノルウェーの北岸やアリューシャン列島など。国内では北海道で数回の記録があるだけの迷鳥です。和名のケワタは「毛綿」の意味で、良質な羽毛を採るための対象であったことを物語っています。羽毛は密に生え、綿羽(ダウン)の層が厚いなど極寒の地に適応した体をしています。雌は全体に褐色基調の姿で目立ちませんが、雄の嘴は濃い橙色で基部がふくらんだ変わった形をしており、その部分は黒く縁取りされた黄色で、何とも独特です。さらに頭頂から後頸は青灰色など、顔の周辺がじつにカラフルな鳥です。潜水して貝類や甲殻類などを捕食します。

最高の ダウン(綿毛)が 採れるから

類似種がいなくて
決して見間違わない美鳥たち

標準和名　**オシドリ**
学　　名　*Aix galericulata*
英　　名　Mandarin Duck
英名の意味　マンダリン*1+カモ
漢字表記　鴛鴦(えんおう)*2
分　　類　カモ目カモ科オシドリ属*3
全　　長　45cm
撮影場所　日本　愛知県　設楽町
撮影時期　1月29日
撮 影 者　戸塚学（a）

*1 「中国清朝時代の高官、中国風の、凝りすぎた」との意味がある
*2 オシドリの「をし」は「雌雄相愛(を)し」より（大言海）
*3 属名はギリシャ語で、アリストテレスが未知の水鳥とした鳥の名、種小名はラテン語「小さな帽子をかぶった」

雄の鮮やかな色彩が特徴の淡水ガモで、他に類似種はいません。アジア東部に分布しており、国内ではおもに本州以北で繁殖し、西日本などで越冬します。東北地方や北海道では基本的に夏鳥です。雄の夏羽の特徴的な美しさは独特ですが、象徴的なのは船の帆のように立ち上がっているオレンジ色の「銀杏羽」。これは翼の一部（三列風切）が左右1枚ずつ伸びたオシドリ特有の飾り羽です。地上や水面で植物質のものを食べ、特にドングリを好みます。カモ類としては木の枝にとまることが比較的多く、大木の樹洞を利用して営巣します。

標準和名　**ゴシキヒワ**
学　　名　*Carduelis carduelis*
英　　名　European Goldfinch
英名の意味　ヨーロッパの+オウゴンヒワ《金+フィンチ》*1
漢字表記　五色鶸
分　　類　スズメ目アトリ科マヒワ属*2
全　　長　14cm
撮影場所　オーストラリア　ビクトリア州
撮影時期　11月11日
撮 影 者　Jan Wegener（a）
*1　英国ではGoldfinchはゴシキヒワを意味する
*2　学名はラテン語でゴシキヒワ、carduusアザミ（アーティチョーク）を好む鳥を意味する

ヨーロッパから中央アジアにかけて分布地をもつ小鳥で、国内では日本海の離島などで記録されたことのある迷鳥（めいちょう）です。飼い鳥として多数輸入されているため、カゴ抜けの可能性もあるといわれています。顔の前側は赤く、後ろ半分は白く、その後ろは黒というカラフルさで、一風変わった色調の小鳥です。さらに背は淡茶色で翼に黄色い部分もあるので「五色」のヒワなのでしょう。ただ、顔の白黒部がはっきりしない色彩の亜種もいます。独特の色彩の鳥で、やはり類似種はいません。直線的な上嘴（じょうし）の形はマヒワに似ていますが、マヒワより長く見えます。

輝く色を愉しむ鳥

標準和名	**ツバメ**
学名	*Hirundo rustica*
英名	Barn Swallow
英名の意味	納屋+ツバメ
漢字表記	燕
分類	スズメ目ツバメ科ツバメ属*
全長	17cm
撮影場所	日本　高知県　高知市
撮影時期	5月2日
撮影者	和田剛一（a）

*ラテン語で属名「ツバメ」、種小名「田舎の」でsimple,plainの意味も

全国的に代表的な夏鳥（なつどり）で、春の到来を告げる季節の風物詩としてなじみ深い小鳥です。南西諸島ではおもに旅鳥（たびどり）。成鳥の羽色（うしょく）は、胸からの体下面は白で、頭頂からの上面は紺色光沢のある黒色。光の当たり方によってはきれいな青色にも見えます。翼の一部にも光沢があります。顔の前半分は赤茶色です。飛ぶと独特な形の尾羽がよくわかり、外側の尾羽が長く伸びた深い燕尾型（えんびがた）の黒い尾に白い帯が出ます。繁殖期に雄は「チュピチュク、ジュビッチュイ、ツィリリリリジュイー」などと複雑にさえずります。地鳴きは「チュビッ」。

空を舞う輝く黒い燕尾服

標準和名　**コシアカツバメ**
学　　名　*Hirundo daurica*
英　　名　Red-rumped Swallow
英名の意味　赤い腰の+ツバメ
漢字表記　腰赤燕
分　　類　スズメ目ツバメ科ツバメ属*
全　　長　19cm
撮影場所　日本　和歌山県　紀ノ川市
撮影時期　4月27日
撮 影 者　藤野孝之
*属名はラテン語で「ツバメ」、種小名は「ドーリア地方の」で現在のバイカル湖東岸地方(76ページ)

ツバメより大きく、腰などが赤茶色をしたツバメ類の一種です。目の後ろから後頸も赤茶色。国内では九州以北に渡来する夏鳥で、西日本に多く、北海道では数少ない夏鳥です。成鳥の頭部からの上面は紺色光沢のある黒色で、下面は白っぽく、黒褐色の細い縦斑が目立ちます。尾羽はツバメよりもさらに長く、さらに深い凹尾になっています。農耕地や丘陵地の開けた環境から市街地に渡来し、徳利を縦に半分に割ったような形の巣を民家などの建造物につくって集団繁殖します。「ジュビッ、ジュジュジュジュ」などと鳴き、飛行中にもよく声を出します。

日本の国鳥で、本州から九州にかけて分布する留鳥です。農耕地など、おもに平地の草原や河川敷などに周年で生息し、植物の種子などを食べます。羽色は雌雄で全く異なり、雄は顔の赤い部分をはじめ全身どこをとってもカラフルで派手。体の深緑色も印象深い色調です。一方、雌は全身褐色基調で地味な装い。また、北海道と対馬に生息する亜種コウライキジは、江戸時代から昭和初期にかけて狩猟用に放鳥されたものが野生化した外来種で、雄は白い首輪があり、胴体は黄褐色基調の羽色で、部分的に茶褐色や緑色、水色など多彩な羽色です。

標準和名 **キジ**
学名 *Phasianus colchicus robustipes*
英名 Common Pheasant
英名の意味 通常の+キジ*1
漢字表記 雉子、雉*2
分類 キジ目キジ科キジ属*3
全長 雄81cm 雌58cm
撮影場所 日本 埼玉県 入間川
撮影時期 不明
撮影者 吉野信(a)
*1 属名のラテン語に由来する英語
*2 「きじ」は古名の「きぎし」が約まったもの
*3 種小名は黒海東岸の古代の地名、コルキス地方。属名はそこをを流れるPhasisファシス川(現リオニ川)に由来し、その川のほとりで、ギリシャ神話のアルゴー船が最初に発見したとされる鳥(原産地とも言われた)。鳥類学では、キジについて属名よりPhasisという言葉がよく使われる。亜種小名はラテン語で「がん丈な足」

標準和名 **コウライキジ**
学名 *Phasianus colchicus karpowi*
英名 Ring-necked Pheasant
英名の意味 〈輪+首〉+キジ
漢字表記 高麗雉
分類 キジ目キジ科キジ属*
全長 雄85cm 雌60cm
撮影場所 日本 北海道 室蘭市 みゆき町
撮影時期 1月
撮影者 伊藤正清(a)
*ラテン語で属名「キジ」、種小名「コルキス地方の」、亜種小名はロシアの生物学者ウラジミール・パヴロヴィチ・カルポフVladimir Pavlovich Karpov(1870-1943)の名より

緑に輝く日本の国鳥とその仲間たち

標準和名　**ヤマドリ**
学　　名　*Syrmaticus soemmerringii*
英　　名　Copper Pheasant
英名の意味　銅色+キジ
漢字表記　山鳥、山鶏
分　　類　キジ目キジ科ヤマドリ属*
全　　長　雄125cm、雌55cm
撮影場所　日本　高知県　土佐町
撮影時期　3月
撮 影 者　和田剛一(a)
*属名はギリシャ語「すその長い外衣」、種小名はドイツの解剖学者・科学者サミュエル・トーマス・フォン・ゼーメリンクSamuel Thomas von Sommerring(1755-1830)の名前

本州・四国・九州に分布するキジ類で、5亜種があります。日本固有種であり、国外には分布していない日本ならではの鳥のひとつです。雄は全体的に赤銅色で、特に頭から胸にかけて色が濃く、また、目の周囲には赤い裸出部(らしゅつぶ)があります。尾羽が非常に長く、丸みを帯びた独特なシルエットの体形が印象的です。生息環境は起伏のある山林で、林内の沢沿いや山間の草地に現れます。おもに植物の種子や葉などを食べ、昆虫も捕食します。繁殖期には、雄は縄張り宣言のため羽ばたきながらドロロロロ…という低い音を出します。

標準和名　**コジュケイ**
学　　名　*Bambusicola thoracicus*
英　　名　Chinese Bamboo Partridge
英名の意味　中国の+コジュケイ《竹+ヤマウズラ》
漢字表記　小綬鶏(小寿鶏は俗称)
分　　類　キジ目キジ科コジュケイ属*
全　　長　27cm
撮影場所　日本　東京都　府中市
撮影時期　3月11日
撮 影 者　江口欣照(a)
*属名は、竹藪に棲む(マレー語bambu竹+ラテン語-cola棲むもの)。種小名はラテン語「胸の」、原義はギリシャ語「胸の苦しみ」

小型のキジ類の一種で、中国南東部に分布する留鳥です。日本には自然分布しませんが、大正時代に愛知県や神奈川県などに狩猟用に放鳥され、各地に広がった外来種です。ウズラよりひと回り大きく、成鳥は、額から過眼線と胸が水色で、顔の下半分は橙色、胸からの下面は黄褐色に黒い斑紋が散在するなど華やかな色彩の羽色です。農耕地や林、都市部の樹木の多い公園などに棲み、地上を歩いておもに草の種子や木の実などをついばみます。

標準和名　**タゲリ**
学　　名　*Vanellus vanellus*
英　　名　Northern Lapwing
英名の意味　北+タゲリ《飛び跳ねる+よちよち歩く・揺れる・左右に動く》
漢字表記　田鳧、田計里
分　　類　チドリ目チドリ科タゲリ属*
全　　長　32cm
撮影場所　日本　北海道　浦幌町
撮影時期　3月15日
撮 影 者　宮本昌幸
*学名はラテン語vannusが起源で、winnowing fanつまり穀物をあおぎ分ける農具の箕(み)のことで、飛んでいるときのゆっくりした羽ばたきを示しているとされる

後頭から細長く伸びる黒い冠羽が目立つ大型のチドリです。おもに本州以南に渡来する冬鳥で、田畑や草地、干潟などに現れます。背や翼などは光沢のある緑色で、光をよく反射し輝いて見え、部分的には赤紫色にも見えます。顔から胸、腹にかけては白と黒のツートーンカラーで、翼下面も白黒柄なので、飛ぶ姿を見上げると白黒の鳥に見えます。飛び方はふわふわした感じです。「ミュー」と猫に似た声を出します。

色とりどりに輝く鳥たち

標準和名　**ホシムクドリ**
学　　名　*Sturnus vulgaris*
英　　名　Common Starling
英名の意味　通常の+ホシムクドリ*1
漢字表記　星椋鳥
分　　類　スズメ目ムクドリ科ホシムクドリ属*2
全　　長　22cm
撮影場所　日本　沖縄県　金武町
撮影時期　1月
撮 影 者　真木広造(O)

*1　英名Starlingは、ラテン語の属名*Sturnus*に由来する英語
*2　ラテン語で属名「ムクドリ」、種小名「通常の」

おもに西日本に渡来するムクドリ類の一種で、数少ない冬鳥です。羽色は全体的に黒く、全身に白く小さな斑紋が多数散在しています。この白斑を星に見立てた和名となっていますが、地色の黒色には緑色や紫色の光沢があり、光の当たり方によって美しい輝きを放ちます。日本で見られることの多い冬羽では白斑が頭部にもありますが、夏羽では顔や胸の白斑はなくなり、緑色や紫色の光沢が一層目立ちます。農耕地や疎林などに現れ、ムクドリの群れの中に混じって木の実や昆虫類などを食べます。日本への渡来が近年増加傾向にあります。

鳥にはどのように色が見えているのか

上田恵介
立教大学 名誉教授

私たち日本人の多くは虹を見たときそれを「虹の七色」と表現する。だが文化圏が違えば、虹を五色や六色、時には二色や三色に見る民族もいる。色を認知するということは単に光の波長の違いではなく、ある波長の光を脳がどのようなカテゴリー分けをして、それを何色と認知しているかという問題なのである。人間でさえ見ている色は人それぞれ異なっている。では鳥にはどんな色が見え、どんな世界を見ているのだろう。

基本原理からいえば、人間が380〜760ミリミクロンという範囲の波長域で、赤、緑、青に感受性のある網膜の錐体細胞を使って、三色色覚（RGB）で世界を見ているのに対し，鳥はRGBに紫外線領域（380ミリミクロンより短い波長域）を加えた四色色覚で世界を見ている。世界を三色で見るのと、四色で見るのとでは何がどう違うのだろう。我々人間は紫外線を見ることができないので、紫外線がいったい何色をしているのかはわからない。しかし三色よりは四色の方が、色をより細やかに分割して見ることができるはずである。常識的に判断して、鳥は人よりは鮮やかで多様な世界を見ているのだろうということくらいはいえそうである。

鳥がつくった自然界の色

鳥が多彩な世界を見ることができるということ、実はこのことは自然界の生物の色彩に大きく関わってくる。たとえば派手な色をした昆虫がいるが、かれらには自分たちの色彩は見えていない。アゲハチョウ類を除いてほとんどの昆虫には赤色は見えないからである。だが、赤の体色をもった昆虫はたくさんいる。昆虫の派手な色彩は、まずさや捕まえにくさをあらわし、外敵から襲われるのを防ぐ警告色としての機能をもっているのだ。昆虫の体色は昆虫を見ているものが進化させたといえる。

では昆虫を見ているものとは？ 自然界に昆虫学者がいるわけではないし、用もないのに虫を見ている生物がいるわけではない。昆虫を見ているのは、隙あらば捕って喰ってやろうという捕食者である。そして昆虫の主な捕食者は鳥なのだ。地味な色のシャクトリムシや青虫は、樹皮や葉っぱにまぎれて見つけにくいが、見つけることができればおいしい獲物である。だが赤と黒、黄色と黒といった、人が見ても毒々しい昆虫は、見た目にもまずそうである。事実、多くの毒々しい色の虫は鳥にとってまずいか毒がある。これら昆虫の警告色は、捕食者である鳥が進化させたのだ。もし鳥に赤や黄色が見えなかったら、きれいな色をしたチョウやタマムシなどの昆虫は進化せず、地球上はもっと地味な色の虫で満ちあふれていただろう。

熱帯に咲くハイビスカスやブーゲンビリアなどの赤い花も鳥が進化させたものである。花に集まるミツバチやマルハナバチ、チョウや蛾や甲虫類にも赤は見えないから、これらの花が赤い色である必要はない。自然界にある赤い花も、鳥が見ることを想定して進化したものなのだ。だから鳥たちがどんな色覚をもっているかという問題は、自然界にどんな色の生き物たちが存在するかという問題でもある。

美しい鳥の進化

日本にはいろんな美しい鳥が棲んでいる。マシコ類のように赤い鳥。オオルリやコルリのように青い鳥。マヒワのように黄色い鳥。オシドリやキジなどは緑や黄、赤などの色をふんだんに使った美しい鳥である。

ところでオシドリやキジが美しいといっても、美しいのはオスだけで、メスは褐色の地味な色彩を身にまとっているだけである。マシコ類、オオルリやコルリ、マヒワもオスの方が美しい。このように性によって形態や色彩の異なる現象を性的二型という。クジャクの属するキジ科や、オシドリが属するカモ科では、とくにこの傾向が著しい。マシコ類やヒワ類では雌雄の間に極端な色彩の差はないが、夏になると日本へやってくる夏鳥のオオルリやキビタキなどのヒタキ類、コルリやルリビタキ(オスは瑠璃色)、クロツグミやマミジロ(オスは黒色)といったツグミのなかまも、メスはたいてい褐色で地味な色彩をしており、雌雄の差が大きい鳥である。

これら性的二型が顕著な鳥でメスが地味なわけは、巣に座って卵を抱いていることが多いメスにとって、敵に見つからないことが重要なためである。とくに地面に巣をつくって繁殖するカモ類(オシドリは樹洞だが)やキジ類では、抱卵はメスの仕事であり、小鳥類の多くでも抱卵するのは圧倒的にメスである。メスが地味な保護色をもっている意味は、ほぼこれで説明できる。

では、その一方で、多くの鳥のオスはなぜ美しい色彩をもっているのだろう。それは自然選択の一種で性選択というプロセス、つまり配偶にあたってメスがオスを美しさで選ぶからである。メスはオスの美しい色彩を見て、より美しく、色つやのよいオスを選んでいるらしい。このとき、赤や青や黄色という羽毛の色彩の微妙な違いを、メスは十分に識別し、認知しているはずである。オスにとっては、メスに選ばれるような美しい色彩をもつということが、そのために天敵に見つかりやすくなるというリスクはあっても、より大切なことなのである。

雌雄同色の鳥

だが鳥の中には、メスもオス同様に美しいという鳥たちがいる。カワセミ類やインコ・オウム類、ブッポウソウ類などである。これら土の崖や木の穴に巣をつくる鳥は、いくらメスが多くの時間抱卵していても、天敵に発見される心配がないため、オスもメスも美しいのである。だが問題はここからである。なぜオスもメスも美しくある必要があるのだろうか。雌雄とも地味な色彩だっていいではないかという疑問が起こってくる。カラスもスズメもツバメも、雌雄とも地味である。両性とも美しいということは、おそらく雌雄ともに美しい相手を選ぶ傾向があるということらしい。

フクロウ類やヨタカ類など夜行性の鳥は、網膜に弱い光に敏感に反応する桿体細胞が多いため、暗くても獲物をはっきり識別できる。しかし色覚に感受性のある錐体細胞が少ないので、明瞭には色を区別できないとされている。また、同種内の社会的コミュニケーションに視覚をあまり用いていないことは、かれらがとても地味な色彩をしていることからわかる。かれらの地味な色彩は昼間に捕食者(猛禽類)から隠れるための保護色(隠蔽色)だと考えられる。

雌雄で色覚は異なるのか?

ところで、私たちは鳥にどんな色が見えるかというとき、オスもメスも区別はしていない。メスにオスの色が見えるということは、基本的にはオスもメスと同じ色覚をもっていると考えている。それはヒトの男と女に色覚の違いはないという暗黙の了解があるからである。しかし色覚異常に関わる遺伝子はX染色体に乗っているので、X染色体を1つしかもたない男は女よりも赤緑色盲などの色覚異常を発症しやすいのだ。ということは平均的に見て、男は女より色彩感覚にうとい(あくまで平均として)ということになる。同様のことが鳥や他の動物でも起こっているかどうかは面白い研究テーマである。

鳥に世界は何色に見えているか、そんなことはどうでもいいじゃないかという人もいるかもしれないが、それは私たちが見ている花や虫たちが何色をしているかという問題、つまり世界がどんな色に満ちているかという生物多様性の問題につながっている。さらにそれは人が絵画や陶芸にどんな色で花や鳥を描き、着るものや装飾にどんな色彩を用いるかという、人間の文化にとっても、とても重要な問題なのである。

白黒色を
愉しむ鳥

金の目、黒い体の羽白ガモ

標準和名　**キンクロハジロ**
学　　名　*Aythya fuligula*
英　　名　Tufted Duck
英名の意味　房のある+カモ
漢字表記　金黒羽白
分　　類　カモ目カモ科スズガモ属*
全　　長　40cm
撮影場所　日本　兵庫県　伊丹市
撮影時期　2月20日
撮影者　武田晋一(a)
*属名はギリシャ語で、アリストテレスが記載した未確定の海鳥の名、種小名はラテン語で「すす色の(ノド)」

全国に渡来する冬鳥(ふゆどり)で、都市公園の池でも普通に見られる身近なカモです。雄は白黒の鳥で、頭から体上面などが黒く見え、脇と腹は白色です。頭部の黒色には紫色の光沢があり、光線状態によっては緑色がかって見えることもある不思議な色です。後頭には長く垂れ下がる独特な冠羽(かんう)があり、注目されます。和名のキンクロとは「金目黒」または「黄目黒」が変化した語で、全体的に黒くて目が黄色いことを示しています。他説に「襟黒」つまり上半身が黒いことを意味するという考え方もあります。また、ハジロは「羽白」で、翼に幅の広い白帯(はくたい)が出るカモ類を指します。

鈴のように美しい羽音のカモ

標準和名　**ホオジロガモ**
学　　名　*Bucephala clangula*
英　　名　Common Goldeneye
英名の意味　通常の+ホオジロガモ《金色+目》
漢字表記　頬白鴨
分　　類　カモ目カモ科ホオジロガモ属*
全　　長　45cm
撮影場所　日本　北海道　網走市
撮影時期　2月11日
撮 影 者　武田晋一(a)
*属名はギリシャ語「牛の頭をした」、種小名はラテン語「騒音(飛翔中の羽音)」

港湾や沿岸、河口、内湾などで越冬する海ガモで、国内では九州以北に渡来する冬鳥(ふゆどり)です。波の静かな海域にいることが多く、内陸の湖沼にも入ります。潜水しておもに甲殻類や軟体動物を捕食します。雄成鳥は頭部が黒く見えますが、実際には光沢のある暗い緑色です。嘴(くちばし)の基部と目の間に丸い白色部があり、これが和名の由来となりました。雄は頭頂が出っ張っているため、頭の形が三角形状に見えることも特徴です。飛ぶ時には羽ばたく音が金属的な感じに聞こえ、特に群れで飛ぶと、まるで鈴の音のようです。余談ながら、同じように鈴の音のような音を出して飛ぶスズガモという別種もいます。

流氷とともに現れる氷のように美しいカモ

標準和名	**コオリガモ**
学　　名	*Clangula hyemalis*
英　　名	Long-tailed Duck
英名の意味	長い尾の+カモ
漢字表記	氷鴨
分　　類	カモ目カモ科コオリガモ属*
全　　長	雄60cm　雌38cm
撮影場所	日本　北海道　根室市
撮影時期	2月5日
撮 影 者	宮本昌幸

*属名の*Clangula*はラテン語で「鳴り響く」という意味もあるが、前ページのホオジロガモの種小名でもある。本種の種小名はラテン語「冬の」

白黒の配色と尾の長い上品な姿が特徴の海ガモで、北極圏などで繁殖し、冬にはやや南下する北方系の鳥です。国内ではおもに北海道に渡来する冬鳥（ふゆどり）ですが、本州北部でも少数が観察され、その他の地域ではまれです。冬羽（ふゆばね）では全体的に白い部分が多く、雄は頬や翼、尾羽などに黒色部があります。雌は黒褐色の部分がやはり翼などに見られます。名前のとおり、氷が浮かぶ冷たい北の海が似合う鳥です。雄は「アッ、アオーナ」と特徴ある声で鳴き、遠くまでよく聞こえます。潜水して貝類や甲殻類などを捕食します。

竹馬に乗った水際の鳥

標準和名　**セイタカシギ**
学　　名　*Himantopus himantopus*
英　　名　Black-winged Stilt
英名の意味　黒い翼の+セイタカシギ《竹馬に乗る》
漢字表記　背高鷸
分　　類　チドリ目セイタカシギ科セイタカシギ属*
全　　長　37cm
撮影場所　日本　沖縄県　石垣市　石垣島
撮影時期　8月
撮 影 者　本若博次(a)
*学名はセイタカシギや渉禽類(しょうきんるい:水辺を歩いて食物を捕る鳥)を意味し、ギリシャ語で「革ひものような足」が起源

極端に細くて長い足が特徴の鳥。全国に渡来する旅鳥(たびどり)ですが、東京湾や三河湾周辺では留鳥(りゅうちょう)で、他に愛知県や沖縄県などでも繁殖例があります。オーストラリアや南米大陸など南半球から赤道直下に広く分布し、徐々に北へ分布を広げてきました。夏羽(なつばね)の雄は頭頂から体上面が緑色光沢のある黒で、それ以外の羽毛は白く、濃ピンク色の足が目立ちます。黒い部分の大きさには個体変異があり、頭が白い個体もいます。雌の体上面は褐色です。湿地、湖沼、河口などに現れ、甲殻類や小魚などを捕食しますが、足が長いため、より深い場所でも食物を採ることができます。

標準和名	**ソリハシセイタカシギ**
学　　名	*Recurvirostra avosetta*
英　　名	Pied Avocet
英名の意味	まだらの+ソリハシセイタカシギ
漢字表記	反嘴丈高鴫
分　　類	チドリ目セイタカシギ科ソリハシセイタカシギ属*
全　　長	43cm
撮影場所	日本　沖縄県　金武町
撮影時期	3月25日
撮 影 者	橋本幸三

*属名はラテン語で「反り返った嘴」を意味し、種小名はイタリア語Avosettaに由来し、英名はフランス語のAvocetteに由来する。リンネの最終命名は「c」のavocettaだったが、種小名はベニスでの名前のまま「s」に

全体として白黒のモノトーンの鳥で、まれな旅鳥(たびどり)または冬鳥(ふゆどり)です。北海道から沖縄まで各地で記録されていますが、国内への渡来例はほとんどが1、2羽で、単独のことが多いようです。細くて先端が上に反った嘴(くちばし)が特徴です。飛翔時には翼に特徴ある黒白模様が見えます。足はセイタカシギほどではありませんが細長く、青みがかった灰色です。干潟や海岸の砂浜、河口などに現れ、足の長さを活かし、水深のある場所へも入っていきます。嘴を水中や泥の中に入れ、左右に振りながら歩き、甲殻類や軟体動物などを捕食します。分布地は中国南東部からユーラシア大陸西端まで点在しています。

波形に飛ぶ
セキレイの代表選手

標準和名 **ハクセキレイ**
学　　名 *Motacilla alba*
英　　名 White Wagtail
英名の意味 白+セキレイ《振る+尾》
漢字表記 白鶺鴒
分　　類 スズメ目セキレイ科セキレイ属*
全　　長 21cm
撮影場所 日本　神奈川県　相模川
撮影時期 4月
撮 影 者 石江馨(a)
*ラテン語で属名「セキレイ、まだらのセキレイ」(102ページ)、種小名「白、くすんだ白」

全国に分布する代表的なセキレイで、川の下流部や海岸から農耕地、都市公園、人家付近まで普通に生息している留鳥(りゅうちょう)です。羽の色は基本的に白と黒と灰色で、雌雄・夏冬によって微妙に異なりますが、雄の夏羽(なつばね)では特にはっきりした黒と白の配色になります。国内に7亜種が知られ、白色部や黒色部などの位置、大きさなどが異なります。長めの尾羽を上下に振りながら歩き、また飛ぶ時には、「チチン、チチン」と鳴きながら翼を羽ばたいては閉じることを繰り返す波状飛行※をします。

※波状飛行=横から見て波のように上下動をする飛び方のこと

海外でも人気の日本の固有種

標準和名	**セグロセキレイ**
学名	*Motacilla grandis*
英名	Japanese Wagtail
英名の意味	日本の+セキレイ《振る+尾》
漢字表記	背黒鶺鴒
分類	スズメ目セキレイ科セキレイ属*
全長	21cm
撮影場所	日本　鹿児島県　南さつま市
撮影時期	1月4日
撮影者	小園卓馬

*ラテン語で属名「セキレイ、まだらのセキレイ」(102ページ)、種小名「大きな」

世界でも日本列島にのみ分布する日本固有種のセキレイです。近年、台湾や韓国などでも記録され、一部繁殖例も出てきましたが定着には至っておらず、今も分布は日本固有と考えられます。日本固有種のうち、北海道・本州・四国・九州の全てに分布しているのはセグロセキレイただ一種です。生息環境は河川の中流域で、湖沼畔などでも姿が見られます。ハクセキレイと一見似た印象ですが、ハクセキレイのように多様な環境に暮らすことはなく、河原や水辺から離れません。羽色(うしょく)は雌雄でほぼ同色、夏も冬も同色で、大雑把にいって体上面は黒、体下面は白というはっきりした配色です。尾を上下に振りながら歩き、昆虫などを捕食します。

中国では白鶴と呼ばれる

標準和名　**ソデグロヅル**
学　　名　*Grus leucogeranus*
英　　名　Siberian Crane
英名の意味　シベリア+ツル*1
漢字表記　袖黒鶴
分　　類　ツル目ツル科ツル属*2
全　　長　135cm
撮影場所　日本　千葉県　栄町
撮影時期　1月
撮 影 者　石井光美(O)

*1　ツルは重機のクレーンの語源で、Craneはよく景色を見ようと首を伸ばすというツルの習性を表す意味もある
*2　属名はラテン語「ツル」、種小名はギリシャ語「lukos白い+geranosクロヅル」

静止時には全身が真っ白に見えるツルですが、これは翼の一部の黒い部分が隠れているためです。飛ぶと翼の先端およそ3分の1程度が黒く、他の白い部分とのコントラストが明瞭にわかります。和名はこのことに由来しています。顔の前半部は皮膚の裸出で赤い色になっています。古来、「しろつる」と呼ばれていた鳥はこのソデグロヅルのことと考えられ、現在の中国名も「白鶴」です。世界的に数少ない鳥で、繁殖地はシベリア北東部などの狭い範囲に過ぎません。日本へは冬季にまれに飛来する迷鳥で、これまで九州、本州、北海道で記録されています。大きくて長い嘴で地面を掘り、植物の根などを食べます。

赤ちゃんをつれてくる？
声を出さない鳥

標準和名　**コウノトリ**
学　　名　*Ciconia boyciana*
英　　名　Oriental Stork
英名の意味　東洋の+コウノトリ（シュバシコウ）
漢字表記　鸛、鵠の鳥
分　　類　コウノトリ目コウノトリ科コウノトリ属*
全　　長　112cm
撮影場所　日本　兵庫県　豊岡市
撮影時期　1月11日
撮 影 者　宮本昌幸(a)
*属名はラテン語でコウノトリ、種小名は上海の領事館にも勤めた英国の建築家ロバート・ヘンリー・ボイスRobert Henry Boyce (1834–1909)の人名に由来。カイロの英国領事館を設計した

俗に「赤ちゃんを運んでくる」との伝承で有名な大型の鳥。ロシア沿海地方や中国東北部に繁殖分布があり、越冬地は中国南東部など。かつては日本でも全国に生息し、繁殖していましたが、1971年に絶滅。その後は大陸から飛来するまれな冬鳥（ふゆどり）となりました。現在では兵庫県で保護増殖事業が行われ、人工飼育個体を放鳥し、野生化したペアから雛も誕生しています。羽色（うしょく）は全体的に白く、翼の一部が黒いツートーンカラーの鳥です。頭を反り返して嘴（くちばし）をカタカタカタと打ち鳴らす"クラッタリング"を行いますが、声らしい声は出さないようです。農耕地や湿地で魚類やネズミなどを捕食します。国の特別天然記念物。環境省レッドリストで絶滅危惧IA類。

暗闇に白い星をまとった
カラス

標準和名　**ホシガラス**
学　　名　*Nucifraga caryocatactes*
英　　名　Spotted Nutcracker
英名の意味　斑点のある+ホシガラス《ヘイゼルナッツ+叩き割る》
漢字表記　星鴉
分　　類　スズメ目カラス科ホシガラス属*
全　　長　35cm
撮影場所　日本　山梨県
撮影時期　8月3日
撮 影 者　高橋喜代治(a)
*属名はラテン語、種小名はギリシャ語で、ともに「木の実(ナッツ)を砕く」という同じ意味

チョコレート色の地に星を散らしたような白い模様のあるカラス類の一種です。地色は濃い茶色ですが、星状斑のない翼の一部などは黒褐色に見えます。頭頂には白斑はなく、こげ茶色の帽子をかぶったようにも見えます。北海道から九州にかけての高山帯、亜高山帯に棲む留鳥ですが、冬は山麓へ移動することもあります。登山者になじみ深い山岳地帯の鳥で、ハイマツの球果などを好んで食べます。夏には昆虫なども捕食し、またあまり人を恐れないので、登山者の出す残飯なども食べます。しわがれた大きな声で「ガーッ、ガーッ」と鳴きます。

鹿の子模様で身を包んだ一番大きなカワセミ

標準和名　**ヤマセミ**
学　　名　*Megaceryle lugubris*
英　　名　Crested Kingfisher
英名の意味　冠羽（かんう）のある+カワセミ《王+魚とり》
漢字表記　山翡翠
分　　類　ブッポウソウ目カワセミ科ヤマセミ属*
全　　長　38cm
撮影場所　日本　北海道　旭川市
撮影時期　10月2日
撮 影 者　菅原美恵子（a）

*属名はギリシャ語「大きなカワセミ」、種小名はラテン語「悲しみに沈んだ、喪服の」。属名は「Mega大きな+ceryleカワセミ」で、ceryleはヒメカワセミ属という属名にもなっており、Halcyonカワセミ（もしくは海を静める伝説の海鳥とも）とされる（32ページ参照）

モノトーンの色彩が美しい大型のカワセミ類の一種で、九州以北に分布する留鳥です。渓流や山地の湖沼に生息し、他のカワセミ類と同じように水中へ飛び込んで魚を捕食します。ホバリングしながら魚を探すこともあり、捕えた魚は枝などに打ちつけて弱らせてから丸飲みします。「ケッ」「キャッ」「キッ」などと区切りながら鳴きます。川岸などの垂直な土の崖に自力で横穴を掘り、奥に巣をつくって繁殖します。羽色は頭部や体上面、大きな冠羽が白黒の鹿の子模様で、喉からの体下面は白色です。雄の胸には橙色の斑が混じります。

標準和名　**シジュウカラ　雄**
学　　名　*Parus minor*
英　　名　Japanese Tit
英名の意味　日本+シジュウカラ科の小鳥
漢字表記　四十雀
分　　類　スズメ目シジュウカラ科シジュウカラ属*
全　　長　15cm
撮影場所　日本　東京都
撮影時期　12月
撮　影　者　井田俊明(a)
*ラテン語で属名は「シジュウカラ(カラ類)」、
種小名は「より小さな」

全国的に分布する身近な小鳥で、多くの地域で森や林に通年生息する留鳥です。住宅街などでも樹木のある公園などで姿が見られます。「ツピ、ツピ、ツピ…」というさえずりも「ツピ」「ジュクジュクジュク」という地鳴きも、なじみ深いと感じる人も多いでしょう。羽色は全体的には灰色っぽい印象ですが、黒い頭と白い頬が特徴です。喉から体下面には、まるでネクタイのように見える黒線があり、雄（写真）は太く、雌は細めです。翼など体上面は灰色基調ですが背は黄緑色で、頭部に近い部分は黄色みを帯びています。昆虫、クモ類、草木の種子などを食べます。

真っ白な頬に
黒いネクタイを
粋に締めて

個性的な顔を愉しむ鳥

その名はアイヌ語で美しい嘴（くちばし）

標準和名　**エトピリカ**
学　　名　*Fratercula cirrhata*
英　　名　Tufted Puffin
英名の意味　房のある+ツノメドリ
漢字表記　花魁鳥、アイヌ語：Etupirka
分　　類　チドリ目ウミスズメ科ツノメドリ属*
全　　長　39cm
撮影場所　ロシア　マガダン州　スパファリエヴァ諸島　タラン島
撮影時期　7月
撮 影 者　福田俊司(a)

*属名はラテン語で修道士(小さな兄弟)を意味し、ツノメドリ類が群れて暮らすことや、水面から飛び上がるとき、両足を結び合わせる習性があって、それがお祈りする様子に見えるからという説がある。種小名もラテン語「巻き毛の頭をした」という意味で、眼の上からうす黄色の長い房状の飾り羽が後ろに垂れ下がる姿を表したもの

全体的には黒く、顔の独特な形の白色部と太くて目立つオレンジ色の嘴が印象的なツノメドリです。ベーリング海とオホーツク海に繁殖分布のある北太平洋の海鳥で、国内では北海道東部の一部でわずかに繁殖するのみ。冬は本州などの海域でも見られることがあります。和名は「美しい嘴」を意味するアイヌ語に由来します。また、この顔の印象から、俗に「花魁鳥（おいらんちょう）」とも呼ばれます。どぎついほどの口紅と、厚化粧の白い顔を彷彿とさせる俗称で、言い得て妙といったところでしょうか。

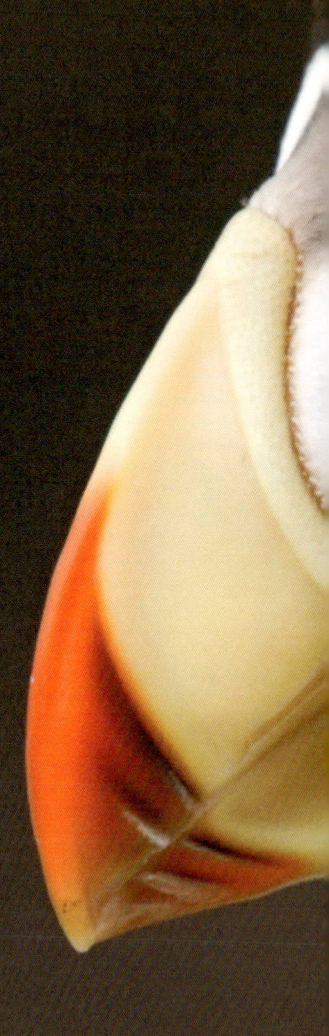

標準和名　**ツノメドリ**
学　　名　*Fratercula corniculata*
英　　名　Horned Puffin
英名の意味　角のある+ツノメドリ
漢字表記　西角目鳥
分　　類　チドリ目ウミスズメ科ツノメドリ属*
全　　長　38cm
撮影場所　米国アラスカ州　セント・ポール島
撮影時期　3月10日
撮 影 者　Gary Schultz

*属名はラテン語で修道士(小さな兄弟)を意味し、ツノメドリ類が群れて暮らすことや、水面から飛び上がるとき、両足を結び合わせる習性があって、それがお祈りする様子に見えるからという説がある。英名をラテン語化したpuffinusは、先にミズナギドリ属の学名として使われてしまったため、パフィンの属名はフラターコッラになった。1676年にミズナギドリのヒナの死がいをパフィンと誤認したためである。種小名は本種の特徴を表し、ラテン語で「ツノのある」

カムチャツカ、北千島、アリューシャン列島などで繁殖し、冬は太平洋の中緯度海域まで南下するウミスズメ類です。国内では北日本の海上で見られる数少ない冬鳥(ふゆどり)で、根室市周辺では夏に度々目撃されている他、北方領土の択捉島(えとろふとう)や色丹島(しこたんとう)では繁殖例があります。夏羽(なつばね)では顔が白く、目の上と後方に黒く見える線があります。角度でいうと12時10分を示す時計の針のよう(左向きのとき)です。短針に相当する目の上の黒色部は羽毛ではなく突起で、これを小さな角に見立てたのが和名と種小名の由来です。大きな嘴(くちばし)は黄色くて先端部は赤く、総じてとても個性的な顔をした鳥といえます。体は上面が黒く、下面は白色です。

目の上に
ツノ状の
突起をもつ

顔というより白い仮面

標準和名 **コケワタガモ**
学　　名 *Polysticta stelleri*
英　　名 Steller's Eider
英名の意味 ステラーの+ケワタガモ*1
漢字表記 小毛綿鴨
分　　類 カモ目カモ科コケワタガモ属*2
全　　長 46cm
撮影場所 ノルウェー
撮影時期 3月
撮 影 者 Niko Pekonen(O)

*1 種小名・英名ともに人名でドイツの博物学者・探検家ゲオルク・ヴィルヘルム・シュテラー(ステラー)Georg Wilhelm Steller(1709-1746)。ユーラシア大陸とアメリカ大陸が陸続きではないことを確認したヴィトゥス・ベーリングの探検に参加した

*2 属名はギリシャ語起源で「多くの斑点のある」という意味

波の荒い沿岸部を好む海ガモで、北極圏で繁殖し、アリューシャン列島や千島列島周辺などで越冬します。国内では北海道東部に渡来する数少ない冬鳥(ふゆどり)です。かつては納沙布岬(のさっぷみさき)に毎年のように数十羽が渡来していましたが、途絶えました。羽色(うしょく)は、何といっても雄の白い覆面をかぶったような顔が印象的です。目の周囲が黒いのでそのような印象になるのでしょう。目先と後頭には淡い緑色の斑(はん)があり、胸から腹は橙褐色(とうかっしょく)、背や尾は黒色など全体に個性的な姿をしています。雌は全体的に黒褐色で地味。雌雄とも飛翔時には青い翼鏡(よくきょう)が目立ちます。採食(さいしょく)する際は群れで一斉に潜ります。

嘴(くちばし)が4色模様

標準和名　**アラナミキンクロ**
学　　名　*Melanitta perspicillata*
英　　名　Surf Scoter
英名の意味　波乗り+クロガモ
漢字表記　荒波金黒*1
分　　類　カモ目カモ科ビロードキンクロ属*2
全　　長　56cm
撮影場所　カナダ　ブリティッシュコロンビア州
撮影時期　12月24日
撮 影 者　Jan Wegener(a)

*1　キンクロハジロ(161ページ)と同じ金黒の名でも、眼は黄色でなく、虹彩は白色
*2　属名はギリシャ語「黒いカモ」、種小名の意味はラテン語で「メガネをかけた」と「顕著な(斑紋)の」の両説がある

黒色基調の色彩の海ガモで、北アメリカ大陸北部に繁殖地があります。越冬地はアメリカの大西洋岸と太平洋岸で、その西端はアリューシャン列島に至ります。国内では本州中部以北の沖合や沿岸、港湾などにまれに渡来する冬鳥(ふゆどり)です。北海道の東部では毎年少数が確認されています。羽色(うしょく)の特徴は何といっても雄の個性的な顔にあり、特に嘴(くちばし)が黄色、橙色、白、黒の4色の独特な模様をしており、さらに額と後頸(こうけい)に目立つ白斑(はくはん)があるので、白い虹彩とも相まって形容しがたい顔つきになっています。雌は全身が黒褐色で、嘴や顔にも目立つ色はありません。潜水しておもに貝類を捕食し、「アーアー」と鳴きます。

みんなで
波乗りするカモ

標準和名　**シノリガモ**
学　　名　*Histrionicus histrionicus*
英　　名　Harlequin Duck
英名の意味　道化師+カモ
漢字表記　晨鴨
分　　類　カモ目カモ科シノリガモ属*
全　　長　43cm
撮影場所　日本　北海道　目梨郡　羅臼町（181ページも）
撮影時期　3月（180ページ）、10月18日（181ページ）
撮 影 者　David Pike（a）180ページ
　　　　　藤原茂樹（a）181ページ
*学名は英名と同じくラテン語「道化師のような」

北日本に多く渡来する海ガモ類で、岩礁の多い海岸や港湾などに現れます。岩礁帯では、荒い波も苦にせず巧みに移動しながら潜水して採食(さいしょく)し続けます。その様子は、群れであたかも波乗りを楽しんでいるかのようにさえ見えます。羽色(うしょく)は、雄は濃い青灰色の地色にいろいろな形の白い斑紋(はんもん)のある姿が独特ですが、脇には広く赤茶色の部分があり、同じ色が頭部にも少し見えます。雌は赤茶色の部分はなく全体的に地味な印象です。日本では基本的には冬鳥(ふゆどり)ですが、北海道と東北地方の山地の渓流では局地的に少数が繁殖しています。

茶色を愉しむ鳥

西洋では鳥の王と呼ばれ、日本では天皇（すめらみこと）の名にも

標準和名　**ミソサザイ**
学　　名　*Troglodytes troglodytes*
英　　名　Winter Wren
英名の意味　冬+ミソサザイ
漢字表記　鷦鷯*1
分　　類　スズメ目ミソサザイ科ミソサザイ属*2
全　　長　11cm
撮影場所　日本　山梨県　小淵沢
撮影時期　4月8日
撮 影 者　増田戻樹(a)

*1　仁徳天皇の御名は大鷦鷯天皇(おおさざきのすめらみこと)。和名はミゾサンザイから転じた名で、小川(溝・ミゾ)に棲んでいるサザイ(小さな)という由来説がある
*2　学名もギリシャ語のミソサザイで、語源は洞窟(穴)に棲むもの

全長わずか11cmという日本最小級の鳥のひとつ。全国に分布し、沢などの小さな流れや森の中の渓流付近に通年生息しています。短い尾羽、丸みを帯びた体は全身が濃い茶褐色で、まさに「茶色い鳥」です。ただ、この茶色は一様ではなく、よく見るとほぼ全身に黒褐色や白っぽい細かい斑紋（はんもん）が無数にあり、部位によっては横縞のように見えます。繁殖期に雄は尾羽をピンと立てた姿勢でとても大きな美声でさえずります。ヨーロッパ各国の民間伝承では、ワシよりも高くまで飛べた鳥として、しばしば「鳥の王」といわれます。日本でも、天皇の名に取り入れられたり、この小さい鳥が熊を退治したという民話があるなど、興味深い話題の多い鳥です。

急流をものともせずに水中を泳ぐ

標準和名 **カワガラス**
学　　名 *Cinclus pallasii*
英　　名 Brown Dipper
英名の意味 茶色+水中に潜る鳥
漢字表記 河烏、川鴉
分　　類 スズメ目カワガラス科カワガラス属*
全　　長 22cm
撮影場所 日本　高知県　高知市
撮影時期 12月23日
撮 影 者 和田剛一(a)

*属名はギリシャ語で「小さな尾をふる」、種小名は人名で、ドイツの動物・植物学者ペーター・ジーモン・パラスPeter Simon Pallas(1741-1811)。ロシアのエカチェリーナ2世に教授として招かれ、シベリア探検(バイカル湖東岸の調査)で有名

渓流など流れの速い川に棲む鳥で、屋久島以北の全国で留鳥(りゅうちょう)です。成鳥は全身が濃いこげ茶色で、まるでチョコレートの塊のような印象を受けます。急流をものともせずに浅瀬を歩き、水面上を流れに沿って低く飛びながら「ビッ、ビッ」と鳴きます。水中によく潜り、カワゲラやトビケラなどの水生昆虫や小魚などを捕食します。川の石の上にとまる時、翼をパッパッと半開きにする行動は特徴的で、その際、よくまばたきをします。終生を川で過ごす「川の申し子」のような鳥で、繁殖も滝の裏側にある岩の隙間のような場所を利用して営巣します。

鈴音のようにさえずる

標準和名　**カヤクグリ**
学　　名　*Prunella rubida*
英　　名　Japanese Accentor
英名の意味　日本+イワヒバリ科の鳥の総称*1
漢字表記　茅潜、萱潜
分　　類　スズメ目イワヒバリ科カヤクグリ属*2
全　　長　14cm
撮影場所　日本　山梨県　河口湖
撮影時期　8月3日
撮 影 者　高橋喜代治(a)

*1　Accentorの語源はラテン語「共に歌うもの」
*2　ラテン語で属名「褐色の」、種小名「赤い」とされるが、属名はドイツ語Braunelle「カヤクグリ(braun=褐色)」とする説もある

日本の高山を代表する鳥のひとつで、高い山のハイマツ帯などで繁殖します。北海道から四国にかけて分布する留鳥(りゅうちょう)または漂鳥(ひょうちょう)で、冬は標高の低い場所などへ移動します。九州では冬鳥(ふゆどり)です。全体的に茶色の鳥という印象が強いですが、胸や腹は濃い灰色で、体上面の茶色部分には暗褐色の縦斑(じゅうはん)があります。地上で昆虫類や植物の種子などを食べます。繁殖期に雄はハイマツのてっぺんなど目立つ場所で「チリリリリリ、ピイチリリ…」などととても高い美声でさえずり、まるで鈴の音のように聞こえます。日本の固有種のひとつといわれますが、サハリンでも繁殖することがわかっています。

しわがれた大声で鳴き、物まね上手

標準和名　**ミヤマカケス**
学　　名　*Garrulus glandarius brandtii*
英　　名　Eurasian Jay
英名の意味　ユーラシアの+カケス(鳴き声から)
漢字表記　深山懸巣
分　　類　スズメ目カラス科カケス属*
全　　長　33cm
撮影場所　日本　北海道　芽室町
撮影時期　10月27日
撮 影 者　宮本昌幸
*ラテン語で属名は「おしゃべりな、騒々しい」、種小名「ドングリの(好きな)」、亜種小名は人名でドイツの動物・植物学者ヨハン・フリードリヒ・フォン・ブラントJohann Friedrich von Brandt(1802–1879)。ペーター・ジーモン・パラス(184ページ)と同じロシアのサンクトペテルブルク科学アカデミーの後輩

カケスの北海道の亜種です。本州以南の亜種カケスとは頭部などの羽色(うしょく)がはっきり異なり、ブラキストン線(動物分布境界線としての津軽海峡)を象徴する事例のひとつとされます。頭部は茶色みを帯びた橙色で、額から頭頂にかけては黒い縦斑(じゅうはん)がゴマ塩状にあります。虹彩は褐色でつぶらな瞳に見え、白い虹彩の亜種カケスよりも優しい顔つきに見えます。鳴き声は亜種による違いはないといわれ、「ジェージェー」としわがれた大声です。他の鳥の声を上手に真似することができ、トビの「ピーヒョロロー」などは本物さながら。さらに鳥だけでなく「ミャァオ」という猫の声も巧みに真似ます。

小太りで強気な鳥

標準和名　**シメ**
学　　名　*Coccothraustes coccothraustes*
英　　名　Hawfinch
英名の意味　シメ《サンザシの実+フィンチ(8ページ)》
漢字表記　鴲、鴟
分　　類　スズメ目アトリ科シメ属*
全　　長　19cm
撮影場所　日本　長野県　茅野市　八ケ岳
撮影時期　2月
撮 影 者　小野里隆夫(a)
*学名はギリシャ語「種子を砕く」

ずんぐりした体形の小鳥で、全国的に冬鳥(ふゆどり)です。体格の割に頭が大きく、太い嘴(くちばし)で堅い木の実を割って食べることができます。全体的に茶色系ですが、頭部は黄色みがかった明るい茶色、翼の大部分はこげ茶色、胴体はベージュと、濃淡があります。また黒、白、濃紺の部分などもあって、よく見れば色彩豊かな鳥です。餌台にやってきてヒマワリのタネなどを食べますが、シジュウカラなど他の鳥を追い払うかのように居座り、占拠して餌を食べ続けます。他のシメがやってくると場所の取り合いで激しく争います。半面、初めて餌台を訪れる時は非常に警戒してなかなか降りてきません。強気と繊細さを兼ね備えた性質なのでしょう。

地面を跳ねるように飛び、跳馬とも

標準和名 **ツグミ**
学　　名 *Turdus naumanni*
英　　名 Dusky Thrush
英名の意味 黒ずんだ+ツグミ(愛・内気・知恵などの象徴)
漢字表記 鶇
分　　類 スズメ目ヒタキ科ツグミ属*
全　　長 24cm
撮影場所 日本　埼玉県
撮影時期 2月
撮 影 者 平野伸明(a)
*属名はラテン語「ツグミ」、種小名は人名で、ドイツの鳥類学者ヨハン・フリードリヒ・ナウマンJohann Friedrich Naumann(1780-1857)

全国でごく普通に見られる代表的な冬鳥(ふゆどり)のひとつです。特に農耕地や河川敷などに多く、また木の実を食べる姿もよく見かけます。地上でミミズや昆虫などを探す時は、前傾姿勢で歩き、反り返るように胸を張って立ち止まり、再び前傾姿勢で歩いてはまた止まるという動作を繰り返して、地中から獲物を引っ張り出します。この動きはまるで「だるまさんが転んだ」をしているようです。急ぐ時は地面を跳ねるように飛び歩きます。羽色(うしょく)は白、黒、褐色、クリーム色など部位によっていろいろですが、全体的には茶色っぽい鳥という印象が強く、翼は明るい茶色、頭は濃い目の茶色です。色調には個体差があります。

虎斑(とらふ)模様をもつ最大のツグミ

標準和名　**トラツグミ**
学　　名　*Zoothera dauma*
英　　名　Scaly Thrush
英名の意味　うろこのある+ツグミ
漢字表記　虎鶫
分　　類　スズメ目ヒタキ科トラツグミ属*
全　　長　30cm
撮影場所　日本　山形県　河北町
撮影時期　1月
撮影者　真木広造(O)
*属名はギリシャ語「動物(虫)を狩るもの」、種小名はベンガル語の鳥名Damaに由来

日本で見られるツグミ類では最大の種で、黄褐色の地に黒褐色の斑(はん)が多数散在する独特な色柄が特徴です。和名のトラは、この姿を虎の毛皮の模様に見立てたものです。本州から九州にかけて留鳥(りゅうちょう)または漂鳥(ひょうちょう)で、北海道では夏鳥(なつどり)です。暗い森に棲み、林床(りんしょう)でミミズなどを捕食しますが、冬は市街地の公園や庭先にも現れます。繁殖期には夜間や早朝または雨天時などに、口笛に似た独特の声で「ヒー、ヒョー」「チーィ」などとさえずります。夜の森で聞こえてくるこの声は不気味で、鳥の声とは思えず、かつて正体不明と恐れられ、あるいは「鵺(ぬえ)」という妖怪の声だとも考えられていました。

高い所で胸張って さえずるのが好き

標準和名　**ホオジロ**
学　　名　*Emberiza cioides*
英　　名　Meadow Bunting
英名の意味　牧草地+ホオジロ類の鳥
漢字表記　頬白
分　　類　スズメ目ホオジロ科ホオジロ属*
全　　長　17cm
撮影場所　日本　群馬県　高崎市
撮影時期　1月
撮 影 者　真木広造（O）
*属名は古ドイツ語 Embritz より、種小名は本種の前にリンネが発見した Emberiza cia ヒゲホオジロ（Rock Bunting）にギリシャ語 -oides「似ている」という意味

本州から屋久島まで、ほぼ全国的に河川敷や林縁などでごく普通に見られる留鳥で、最も身近な野鳥のひとつ。北海道では夏鳥です。いくらか樹木のあるような開けた環境を好み、繁殖期には昆虫などを食べ、非繁殖期には草の種子をおもに食べます。雄は枝先や丈の高い草の目立つところにとまり、胸を張った姿勢で空を仰ぐようにして「チッピツ、ピーチュー、チュチュチュリチュチュ」などとさえずります。同じ場所（ソングポスト）に日に何度も繰り返しとまり、さえずり続けます。体は茶褐色基調で頭部は白黒模様といったイメージの羽色です。

晴れた日に空高く
舞い上がってさえずる

標準和名　**ヒバリ**
学　　名　*Alauda arvensis*
英　　名　Eurasian Skylark
英名の意味　ユーラシアの＋ヒバリ《空＋ヒバリ》*1
漢字表記　雲雀
分　　類　スズメ目ヒバリ科ヒバリ属*2
全　　長　17cm
撮影場所　日本　滋賀県　草津市
撮影時期　5月31日
撮 影 者　飯村茂樹(a)

*1　米国ではlarkだけだと、meadowlarkマキバドリと勘違いされることがある
*2　属名はラテン語「ヒバリ」だが、ケルト語では「偉大な歌姫」を意味する。種小名はラテン語「野原の(畑の)」

ユーラシア大陸に広く分布域をもつ鳥で、国内では九州から本州にかけて留鳥、北海道では夏鳥です。農耕地、河川敷、草丈の低い草原などに生息し、春には空高く舞い上がりながら「ピーチクピーチクチーチーチー、ピチュールピーチュル」などと複雑にさえずります。よく晴れた日に青空に向かって延々と鳴き続ける様子は、古くから親しまれてきた春の風物詩です。地上でも少し高い場所にとまってさえずることがあります。羽色は雌雄同色で、これといった目立つ色や模様のない地味な姿で、全体に褐色基調です。短い冠羽があります。

蜘蛛の糸で巣づくりする草原の小鳥

標準和名　**セッカ**
学　　名　*Cisticola juncidis*
英　　名　Zitting Cisticola
英名の意味　セッカ*1
漢字表記　雪加、雪下
分　　類　スズメ目セッカ科セッカ属*2
全　　長　13cm
撮影場所　日本　沖縄県　大宜味村
撮影時期　8月31日
撮 影 者　戸塚学(a)

*1　Zittingは繁殖期の雄がジグザグ飛行をしながらさえずる単調な鳴き声に由来し、ハサミで繰り返し切るときの音チョキチョキに例えられる
*2　属名と英名のCisticolaは、ギリシャ語でゴジアオイ属rock-rose(灌木)に棲むもののこと。午時葵は昼時に数時間だけ咲く1日花。種小名はラテン語「イグサ科(reed)に関係のある」と生息地を表す

本州以南の草原に棲む可愛らしい雰囲気の小鳥で、茶褐色基調の地に縞模様に見える黒っぽい斑紋(はんもん)があります。全体的には茶色っぽい鳥という印象です。繁殖期には金属的な声で盛んにさえずり、「ヒッヒッヒッ」と鳴きながら上昇し「チャッチャッチャッ」と聞こえる声で下降する独特な行動(さえずり飛翔)が見られます。河川敷の草地や牧草地のような開けた環境に棲み、雄はクモの糸で草を縫い合わせるようにして袋状の巣をつくります。これに雌がチガヤなどイネ科植物の白い穂を使って内装を施し、雛のベッドにします。草にとまる時に足を左右に開いたポーズをとることも特徴の一つです(写真は雄)。

3本指で斑模様が美しいウズラではない鳥

標準和名　**ミフウズラ**
学　　名　*Turnix suscitator*
英　　名　Barred Buttonquail
英名の意味　横縞のある+ミフウズラ科の鳥《ボタン+ウズラ》
漢字表記　三斑鶉
分　　類　チドリ目ミフウズラ科ミフウズラ属*
全　　長　14cm
撮影場所　日本　沖縄県
撮影時期　3月27日
撮 影 者　石田光史(a)
*ラテン語でウズラをcoturnixといい、属名はそれを短縮したもの。ミフウズラはウズラに似ているものの、後ろ指を欠き、欠陥のあることを示しているが、後ろ指がないのは歩いたり、走ったりする鳥に共通した特徴。種小名は、ラテン語「目を覚まさせるもの」

東南アジアからインドにかけて分布する鳥で、日本での生息地・南西諸島は分布域の北東端に当たります。草丈の低い草地やサトウキビ畑などに生息し、歩きながら草の種子や昆虫、カタツムリ類などを食べます。一般的な鳥とは雌雄の役割が逆転しており、抱卵、子育ては雄が行います。羽色も雄は地味で雌は派手。雌の頭部は灰色に黒褐色の斑、背は褐色基調に細かい斑模様が美しく、喉から胸にかけての黒色部が目立ちます。雄は灰色みはなく、全体に淡色で喉も白いですが、全体的な斑模様の美しさは共通です。後ろ指が退化し、足指は前側3本しかありません。ちなみに、名前がまぎらわしいですが、ウズラとは全く別の分類の鳥です。

灰色を愉しむ鳥

標準和名　**ギンムクドリ　雌**
学　　名　*Spodiopsar sericeus*
英　　名　Red-billed Starling
英名の意味　赤いくちばしの+ホシムクドリ*1
漢字表記　銀椋鳥
分　　類　スズメ目ムクドリ科ムクドリ属*2
全　　長　24cm
撮影場所　日本　沖縄県　与那国島
撮影時期　3月28日
撮 影 者　松木洋(a)

*1　Starlingはホシムクドリ属*Sturnus*に由来する英語

*2　属名はギリシャ語「灰色のホシムクドリ」。種小名は「絹のような」、英語の別名もSilky Starlingと、雄の頭に生えたクリーム色の羽毛が伸びてとがってふさふさした様子に由来するともいわれる

標準和名　**ギンムクドリ　雄**
撮影場所　日本　富山県　射水市
撮影時期　2月11日
撮 影 者　松木洋(a)

淡い色調がとても美しいムクドリ類の一種で、中国南東部や台湾に分布しています。国内では1970年代以降、南西諸島で記録されるようになり、1990年代以降、毎年渡来するようになった数少ない冬鳥です。九州や日本海の離島でも記録されています。羽色は、雄は胸から上の頭部が淡いクリーム色、体は明るい灰色、翼と尾は緑色に光る黒色で、オレンジ色の足や嘴がワンポイントとなっています。雌は頭部が褐色みを帯びます。樹上で木の実を食べたり、地上に降りて土を掘り起こして昆虫を捕食したりします。

標準和名　**ムクドリ**
学　　名　*Spodiopsar cineraceus*
英　　名　White-cheeked Starling
英名の意味　白い頬の+ホシムクドリ*1
漢字表記　椋鳥
分　　類　スズメ目ムクドリ科ムクドリ属*2
全　　長　24cm
撮影場所　日本　神奈川県　秦野市　曲松
撮影時期　不明
写真提供　学研(a)
*1　Starlingはホシムクドリ属*Sturnus*に由来する英語
*2　属名はギリシャ語「灰色(ash)のホシムクドリ」、種小名はラテン語「淡い灰色(ash-grey)の」

日本や中国、台湾などに分布する身近な鳥で、国内ではほぼ全国的に留鳥(りゅうちょう)または漂鳥(ひょうちょう)です。南西諸島では冬鳥(ふゆどり)です。農耕地、河畔林、里山、市街地などに生息し、地面を歩いて昆虫などを捕食し、秋冬には木の実も好んで食べます。群れで行動することが多く、特に冬には大きな群れで市街地にねぐらを取り、「キュルキュル」「ギャーギャー」などとやかましく鳴くため、鳴き声の騒音や糞害などが問題になることがあります。羽色(うしょく)は、頭部から胸が黒褐色で、全体としては濃い灰色のイメージです。雌雄ほぼ同色ですが、雄の方がコントラストが強く、はっきりした色合いです。

大群で大声、いつもお騒がせなムクドリ

標準和名	**コムクドリ**
学名	*Agropsar philippensis*
英名	Chestnut-cheeked Starling
英名の意味	栗色の頬をした+ホシムクドリ*1
漢字表記	小椋鳥
分類	スズメ目ムクドリ科コムクドリ属*2
全長	19cm
撮影場所	日本　山形県　米沢市
撮影時期	5月7日
撮影者	佐藤明(a)

*1　Starlingはホシムクドリ属Sturnusに由来する英語
*2　属名はギリシャ語「野原のホシムクドリ」、種小名は越冬地のフィリピンに由来

本州中部以北に渡来する夏鳥(なつどり)で、明るい林などに棲み、キツツキ類の古巣など樹洞(じゅどう)を利用して営巣します。繁殖地は本州中部以北の日本とサハリン南部、千島列島南部のみで、世界的には分布の狭い鳥です。越冬地はフィリピンとマレーシアの一部です。雄は頭部のクリーム色や耳羽(じう)の赤褐色、背の紫光沢などが目立つ派手な美しい配色の鳥です。雌は全体的に目立つ色彩のない灰褐色の地味な姿で、下面は淡色、光の当たり方によっては背や翼や尾は淡茶色に見えます。さえずりは早口で「キュルキュル、キュキュキュキュルピキュー」と複雑に鳴きます。

微妙な色柄違いが楽しいカラの仲間たち

標準和名 **ハシブトガラ**
学　　名 *Poecile palustris*
英　　名 Marsh Tit
英名の意味 沼地*+シジュウカラ科の小鳥
漢字表記 嘴太雀
分　　類 スズメ目シジュウカラ科コガラ属
全　　長 13cm
撮影場所 日本　北海道　川上郡　弟子屈町
撮影時期 2月9日
撮 影 者 鎌形久(a)

*英名Marsh、種小名palustrisともに「沼地」という意味だが、本種は湿地を好むわけではない。属名はギリシャ語poikilis未知の小鳥より

東アジアとヨーロッパに分布をもつシジュウカラ類の一種で、国内では北海道だけに分布します。北海道では年間を通して平地の森に数多く棲んでいます。目から上の頭部が黒く、翼や体上面は灰色です。白い部分も含め全体的に無彩色で、トータルとして灰色の小鳥というイメージです。コガラに酷似しており、両種が見られる北海道では識別が問題になりますが、コガラの方が標高の高い山地に生息しています。ハシブトガラは頭の黒い色に光沢があり、嘴(くちばし)は太く丸みがあるといわれますが、その差は微妙です。嘴の会合線※が白くてわかりやすい点もハシブトガラの特徴です。さえずりは「チヨチヨチヨ」など。

※会合線(かいごうせん)：上嘴(じょうし)と下嘴(かし)の合わせ目の線

標準和名　**コガラ**
学　　名　*Poecile montanus*
英　　名　Willow Tit
英名の意味　ヤナギ+シジュウカラ科の小鳥
漢字表記　小雀
分　　類　スズメ目シジュウカラ科コガラ属*
全　　長　13cm
撮影場所　日本　長野県　茅野市
撮影時期　11月
撮 影 者　小野里隆夫(a)
*属名はギリシャ語poikilis未知の小鳥、種小名はラテン語「山の」

ヨーロッパからロシア極東、カムチャツカまでユーラシア大陸に広く分布するシジュウカラ類の一種。国内では九州以北に分布し、山地の林に棲む留鳥(りゅうちょう)です。頭部の黒色、顔の下半分や体下面の白色の他は灰色です。ハシブトガラにとてもよく似ており、両種が見られる北海道では識別に注意が必要です。コガラは白と黒の対比がはっきりした傾向があり、嘴(くちばし)はやや細身で直線的、頭部の黒色に艶がない、嘴の会合線(かいごうせん)が目立たないなどといった特徴がありますが、野外での識別は経験者でも困難です。さえずりは「チチョー、チチョー、チチョー」など。

黒い頭に光沢アリがハシブトガラ
ナシがコガラ

沖縄の離島に棲む
カラは色黒

標準和名　**イシガキシジュウカラ**
学　　名　*Parus minor nigriloris*
英　　名　Japanese Tit
英名の意味　日本の+シジュウカラ科の小鳥
漢字表記　石垣四十雀
分　　類　スズメ目シジュウカラ科シジュウカラ属*
全　　長　15cm
撮影場所　日本　沖縄県　石垣島
撮影時期　5月1日
撮 影 者　本若博次(a)
*ラテン語で属名は英名と同じTit、種小名「より小さな」、亜種小名「黒い目先」を意味し、目先は目と嘴の間の面

石垣島と西表島に分布するシジュウカラの亜種です。シジュウカラは国内に4亜種が分布しますが、南のものほど頬の白色部分が小さくなり、背の黄緑色部分が目立たなくなり、全体的に黒っぽくなります。特にイシガキシジュウカラは、他の亜種と比べてはっきりと色が濃くなっています。ネクタイ状の黒線もとても太く、体下面の白色部も灰色がかっています。背の黄緑色はほとんど感じられません。声も濁った声で他の亜種とは異なるイメージだといわれます。

一番小さなカラは、
とんがり帽子に白い後ろ頭

標準和名	**ヒガラ**
学　　名	*Periparus ater*
英　　名	Coal Tit
英名の意味	石炭+シジュウカラ科の小鳥
漢字表記	日雀
分　　類	スズメ目シジュウカラ科ヒガラ属*
全　　長	11cm
撮影場所	日本　北海道　網走市
撮影時期	3月3日
撮 影 者	藤原茂樹(a)

*属名はギリシャ語peri非常な・過度の(very)・あたり一面(all around)+*Parus* シジュウカラ属。種小名は英名Coalと類似の意味で、黒い・暗い・鈍い黒

屋久島以北に分布する小型のシジュウカラ類。留鳥または漂鳥で、針葉樹林に多い鳥です。頭部は黒く、頬に大きな白斑がある点はシジュウカラと似ています。頭頂に短い冠羽があるため頭がとがって見えます。また、後頭から後頸に縦長のやや太めの白線があります。腹などは淡い褐色ですが、全体的には背や翼の灰色部分が大きく、灰色系の鳥という印象を受けます。小さな体を活かして針葉樹の細い葉先などを敏捷に動き回り、小さな昆虫やクモ類などを捕食します。繁殖期には針葉樹の梢などで「ツピツピツピ」と、シジュウカラより速いテンポでさえずります。

標準和名　**カッコウ**
学　　名　*Cuculus canorus*
英　　名　Common Cuckoo
英名の意味　通常の+カッコウ
漢字表記　郭公
分　　類　カッコウ目カッコウ科カッコウ属*
全　　長　35cm
撮影場所　日本　長野県　南牧村
撮影時期　6月
撮 影 者　吉野俊幸(a)
*ラテン語で属名「カッコウ」、種小名「美しい旋律の」

高原をイメージさせる、さわやかな「カッコー、カッコー」の鳴き声が有名な鳥。和名だけでなく、学名も英名もこの鳴き声に由来します。さらにフランス語、ドイツ語、オランダ語、中国語なども鳴き声が呼び名になっているというほとんど"世界共通の名前"の鳥です。ユーラシア大陸のほとんどを分布域とし、熱帯から亜寒帯まで広い範囲で繁殖します。日本では九州以北で夏鳥(なつどり)で、草原や農耕地、河川敷など開けた環境に渡来し、ホオジロやモズ、ノビタキなどに托卵します。羽色(うしょく)は、頭部から体上面と胸は青灰色で、腹以下は白く、黒くて細い横斑(おうはん)があります。

形も色柄も、そして托卵まで似たもの同士

正岡子規の名になった鳥

標準和名　**ホトトギス**
学　　名　*Cuculus poliocephalus*
英　　名　Lesser Cuckoo
英名の意味　小さい+カッコウ
漢字表記　杜鵑
分　　類　カッコウ目カッコウ科カッコウ属*
全　　長　28cm
撮影場所　日本　長野県　八ヶ岳
撮影時期　6月
撮 影 者　吉野俊幸(a)
*属名はラテン語「カッコウ」、種小名はギリシャ語「灰色の頭の」

北海道南部から沖縄にかけて渡来する夏鳥(なつどり)で、代表的なカッコウ類のひとつです。特徴ある鳴き声が古くから初夏の到来を告げる風物詩となってきました。カッコウやツツドリとよく似た灰色の鳥で、翼などの色が濃く、胸以下の下面は白地に黒褐色の縞模様です。平地から山地の森に生息し、おもにウグイスに托卵します。古来、歌人に愛され、数多く歌に詠まれてきた鳥であり、明治時代の俳人・正岡子規は自身この鳥の名を名乗りました。「子規」とはずばりホトトギスのことで、中国の故事に由来する呼び名なのです。

尾を上下でなく左右にフリフリ、横振りセキレイ

標準和名 **イワミセキレイ**
学　　名 *Dendronanthus indicus*
英　　名 Forest Wagtail
英名の意味 森+セキレイ《振る+尾》
漢字表記 石見鶺鴒*1
分　　類 スズメ目セキレイ科イワミセキレイ属*2
全　　長 16cm
撮影場所 日本　宮崎県　西諸県郡
撮影時期 1月9日
撮 影 者 大野胖(a)

*1　名前は江戸時代に石見国(いわみのくに)、現在の島根県西部に多く渡来したことによるとする説がある

*2　属名はギリシャ語「dendron木+Anthusセキレイ科タヒバリ属」、種小名はラテン語「インドの」。属名の一部Anthusは他の属名にもなっており、日本ではタヒバリ属という。プリニウスによると草地の小鳥とされ、ツメナガセキレイとの説もある。元々はギリシャ神話に登場する名で、父親の馬に食い殺された息子を不憫に思ったゼウスとアポロンが鳥に生まれ変わらせた。アンサスAnthusと名づけられた鳥は、馬のいななきを鳴きまね、決して馬の前に姿を現さなかったという

中国東北部から東南アジアにかけて繁殖地・越冬地をもつセキレイです。日本では数少ない旅鳥(たびどり)または冬鳥(ふゆどり)で、北海道、本州、四国、九州、南西諸島などで記録されています。農耕地、草地、林などに出現しますが、他のセキレイ類より林内に入る傾向があります。地上を歩いて昆虫やカタツムリ類などを捕食します。セキレイ類は一般に尾羽をよく上下に振りますが、イワミセキレイは短めの尾羽を左右に振る点が特徴です。羽色(うしょく)は、頭から体上面は緑色がかった灰色で、胸は白と黒の模様。たたんだ翼に白黒の縞模様が出ることが特徴です。

速贄する最大の百舌

標準和名　**オオカラモズ**
学　　名　*Lanius sphenocercus*
英　　名　Chinese Great-grey Shrike
英名の意味　中国の+大きな灰色の+モズ
漢字表記　大唐百舌
分　　類　スズメ目モズ科モズ属*
全　　長　31cm
撮影場所　日本　山口県　防府市
撮影時期　2月21日
撮 影 者　大野胖(a)
*属名はラテン語で屠殺者(ずたずたに引き裂く)、種小名はギリシャ語で「くさび形の尾」

日本のモズ類では最大種で、猛禽類であるハイタカの雄ほどの大きさです。数少ない冬鳥または旅鳥で、全国各地で記録があります。体上面は明るい灰色で、下面は白、過眼線と翼の一部や尾は黒く、全身が無彩色でありながら全体としてバランスのよい配色の美しい鳥です。越冬期には基本的に単独で生活し、農耕地や、埋め立て地、荒れ地などに現れ、灌木や杭などにとまって尾羽をゆっくり上下に振りながら、あるいは停空飛翔をしながら地上のネズミなどの獲物を探します。小鳥を狩ることもあります。他のモズ類同様、獲物を枝などに刺す「速贄」をする習性があります。「キイキイキイ」などと鳴きます。

標準和名　**ヒヨドリ**
学　　名　*Hypsipetes amaurotis*
英　　名　Brown-eared Bulbul
英名の意味　茶色い耳の+ヒヨドリ*1
漢字表記　鵯
分　　類　スズメ目ヒヨドリ科ヒヨドリ属*2
全　　長　28cm
撮影場所　日本　徳島県
撮影時期　3月
撮 影 者　吉田和人(a)

*1　Bulbulはペルシャの詩に出てくる鳴き声の美しい鳥の名。これはナイチンゲール(サヨナキドリ・小夜啼鳥)を意味し、ペルシャ語のBolbolが由来
*2　学名はギリシャ語で、属名「高く飛ぶもの」、種小名「茶色い(暗色の)耳の」

全国に生息する留鳥(りゅうちょう)で、平地の林から里山、農耕地、住宅街までごく普通に見られる鳥。年間を通して最もポピュラーな野鳥のひとつです。日本列島以外の分布は朝鮮半島や中国の一部地域のみに限られ、日本を象徴する鳥ともいえます。羽色(うしょく)は全体的に灰色で、体上面では濃く、下面では淡い色調です。頭部はやや白っぽくてボサボサ頭。耳羽(じう)とその周囲は茶色です。「ピーヨピーヨ」と騒がしく鳴くのが、和名の由来となりました。身近な割には古典文学などにはほとんど登場しませんが、兵庫県の地名「鵯越」は、歴史をたどれば、一ノ谷の合戦で源義経が平家軍を逆落としに破った場所として有名です。

一ノ谷の合戦で義経が平家を逆落とした鵯越(ひよどりごえ)でも有名な鳥

英名通りホオジロの仲間では珍しく黒っぽいgrey

標準和名　**クロジ**
学　　名　*Emberiza variabilis*
英　　名　Grey Bunting
英名の意味　灰色+ホオジロ類の鳥
漢字表記　黒鵐
分　　類　スズメ目ホオジロ科ホオジロ属*
全　　長　17cm
撮影場所　日本　愛知県　岡崎市
撮影時期　1月1日
撮 影 者　本若博次（a）
*属名は古ドイツ語Embritzホオジロ類、種小名はラテン語「変わりやすい」

全身の羽毛が墨黒色のホオジロ類です。ホオジロ類としては珍しく黒っぽい種で、本州中部以北で繁殖し、それ以南の地域では冬鳥（ふゆどり）です。国外ではサハリンと千島列島、カムチャツカのみが繁殖地で、世界的に見て分布の狭い鳥のひとつといえます。全身が黒い鳥とはいってもカラスのような色ではなく、艶のない灰色がかった黒で、英名から連想できる濃い灰色といってもいいかもしれません。ただし、雌や若い鳥は褐色みが強く、部位によって濃淡が縞模様に見えます。平地から山地の森や林縁（りんえん）などに棲み、「フィーチョイチョイ」などとさえずります。

黒色を
愉しむ鳥

翼長2m、巨大な沖(おき)の大夫(たいふ)

標準和名 **クロアシアホウドリ**
学　　名 *Phoebastria nigripes*
英　　名 Black-footed Albatross
英名の意味 黒い足の+アホウドリ
漢字表記 黒足阿呆鳥、黒足信天翁
分　　類 ミズナギドリ目アホウドリ科
アホウドリ属*
全　　長 70cm
撮影場所 日本　東京　伊豆諸島　鳥島
撮影時期 5月3日
撮影者 John Holmes(a)
*属名はギリシャ語「女予言者」、種小名はラテン語「黒い足の」

北太平洋に周年生息する大型の海鳥で、全身が黒っぽいアホウドリ類。翼を広げると210cmにもなる大きな鳥です。日本では伊豆諸島の鳥島、八丈小島、小笠原諸島などで繁殖します。日本近海では初夏に多く観察され、冬にはあまり見られません。長い翼でグライダーのように海上を滑空しながら、海面に浮上してきたイカやトビウオなどを探し、捕食します。成鳥は全身が黒褐色で、足も黒く、嘴(くちばし)は黒っぽい灰色でややピンク色みを帯びます。数羽から数十羽で行動を共にしたり、他のミズナギドリ類と一緒にいることがあります。

春は真っ黒になる
鶴に似たシギ

標準和名　**ツルシギ**
学　　名　*Tringa erythropus*
英　　名　Spotted Redshank
英名の意味　斑点のある+アカアシシギ《赤いすね》
漢字表記　鶴鷸
分　　類　チドリ目シギ科クサシギ属*
全　　長　32cm
撮影場所　ドイツ　Schleswig-Holstein
撮影時期　4月27日
撮 影 者　Peter Hering（a）
*学名はギリシャ語で、属名「クサシギ」、種小名「赤い足の」

ユーラシア大陸の高緯度地域に繁殖分布があり、東南アジアからアフリカ大陸にかけての熱帯の地域などに越冬分布が点在するシギ類です。日本では全国の湿地や干潟、水田などに渡来する旅鳥で、冬羽では灰褐色基調の羽色ですが、夏羽では全身が黒く、体上面に白斑が点在する独特な姿になります。アイリングが白く、下嘴の基部が赤いためはっきりした印象の顔立ちに見えます。嘴も足も細長いため、ツルのような印象があるシギという意味の和名になったのでしょう。淡水域を好み、長い足を活かして深い場所でも食物を採ることができ、貝類や甲殻類などを捕食します。

名前はアイヌ語で赤い足のこと

標準和名　**ケイマフリ**
学　　名　*Cepphus carbo*
英　　名　Spectacled Guillemot
英名の意味　メガネをかけた+ウミガラス属とウミバト属の総称*1
漢字表記　海鴿、海鷗
分　　類　チドリ目ウミスズメ科ウミバト属*2
全　　長　37cm
撮影場所　日本　北海道
撮影時期　6月24日
撮 影 者　石田光史(a)
*1　英名のGuillemot はフランスのギヨーム・ウイリアムGuillaume William の名が由来とされる
*2　属名はギリシャ語「青白い水鳥」、種小名はラテン語「炭(のように黒い)」

オホーツク海や日本海の周辺海域に生息するウミスズメ類の一種で、北海道の天売島や知床半島、道東の太平洋側の島々などで繁殖します。かつては岩手県などのいくつかの島でも繁殖していましたが、現在では国内繁殖地は北海道のみ。夏羽(なつばね)ではほとんど全身の羽毛が黒く、赤い足と目の周りの勾玉(まがたま)のような形の白色部が特徴で、和名はアイヌ語の「ケマ・フレ(赤い足)」を語源としています。冬羽(ふゆばね)では目の周りの白色部は小さくなり、頬から体下面は白くなります。潜水して魚類やイカなどの軟体動物を捕食します。環境省のレッドリストで絶滅危惧II類。

標準和名　**クロアジサシ**
学　　名　*Anous stolidus*
英　　名　Brown Noddy
英名の意味　茶色+クロアジサシ(愚かな)*
漢字表記　黒鯵刺
分　　類　チドリ目カモメ科クロアジサシ属*
全　　長　42cm
撮影場所　日本　沖縄県　宮古島　城辺
撮影時期　7月5日
撮 影 者　江口欣照(a)
*英名も学名(属名・種小名)もすべて「愚かな」という少しかわいそうな意味

全身が茶色みがかった黒褐色のアジサシ類で、額から頭頂にかけてだけ灰色から白色です。細部ではアイリングの目の下側が白く、目先はより黒く、はっきりした顔立ちに見えます。太平洋と大西洋のおもに熱帯の海域に生息し、国内では小笠原諸島や硫黄列島、南鳥島、宮古島、与那国島などの岩礁などで集団繁殖します。海の上を飛びながら魚を探し、海面近くに浮かび上がった魚を、ダイビングして嘴(くちばし)でつまみ取るように捕えます。飛翔時に翼の形はM字型になります。飛びながら「ギィアー」「ギィアオー」などとしわがれた声で鳴きます。

頭だけ白い黒いアジサシ

額と嘴(くちばし)だけ白い真っ黒な水鶏

標準和名　**オオバン**
学　　名　*Fulica atra*
英　　名　Eurasian Coot
英名の意味　ユーラシアの+オオバン
漢字表記　大鷭
分　　類　ツル目クイナ科オオバン属*
全　　長　39cm
撮影場所　日本　東京都
撮影時期　3月23日
撮 影 者　大隅隆章（a）
*ラテン語で属名「オオバン」、種小名「黒い」

全身の羽毛が黒く、嘴と額板※の白色が特徴のクイナ類です。ユーラシア大陸やオーストラリア大陸、それにアフリカ大陸の一部などに広く分布している鳥で、日本では本州以南で留鳥(りゅうちょう)、北海道では夏鳥(なつどり)です。湖沼、池沼など淡水域に生息し、水草の根や葉などを食べ、昆虫もつまみ取ります。特異な水かきがある弁足(べんそく)と呼ばれる足をしており、巧みに泳ぎます。「ケッ」「キョン」「キュルッ」などと短く鳴きます。

※額板(がくばん)＝上嘴(じょうし)の基部が上へ板状に伸びた部分のこと。クイナ類などに見られます

漆黒のヴェルベットの羽衣に白い三日月

標準和名　**ビロードキンクロ**
学　　名　*Melanitta fusca*
英　　名　Velvet Scoter
英名の意味　ビロード+ビロードキンクロ属のカモ
漢字表記　天鵞絨金黒
分　　類　カモ目カモ科ビロードキンクロ属*
全　　長　55cm
撮影場所　日本　北海道　根室市
撮影時期　3月7日
撮 影 者　私市一康
*属名はギリシャ語「黒いカモ」、種小名はラテン語「暗色」。fuscaは単純に黒色、茶色、暗いを表すだけでなく、鳥類学ではブルーからオレンジまで幅広いくすんだ色に使われる

全体に黒い海ガモで、ユーラシア大陸と北アメリカ大陸の高緯度地域に広く繁殖分布があります。国内では九州以北の沿岸や沖合に渡来する数少ない冬鳥(ふゆどり)で、クロガモの群れに少数が混じっている場合が多いようです。雄は翼の一部の白色部を除いて全身が黒く、目の下から後方にかけて三日月形の白斑(はくはん)があります。また嘴(くちばし)は先が赤く、上嘴(じょうし)にこぶがある独特な形をしています。足は赤色です。雌は全体的に黒褐色です。岩礁地帯よりも砂地の海岸を好み、比較的水深の浅い場所で潜水して貝類などを捕食します。

眉が白い、真っ黒なツグミ

標準和名　**マミジロ**
学　　名　*Zoothera sibirica*
英　　名　Siberian Thrush
英名の意味　シベリアの+ツグミ
漢字表記　眉白
分　　類　スズメ目ヒタキ科トラツグミ属*
全　　長　23cm
撮影場所　日本　鹿児島県　南さつま市
撮影時期　10月18日
撮 影 者　小園卓馬
*属名はギリシャ語「動物+狩るもの」、種小名はラテン語「シベリアの」

雄は全身黒色で、描いたような白い眉斑（びはん）が目立つ大型ツグミ類です。北海道から本州中部にかけてを国内での繁殖分布とする夏鳥（なつどり）で、国外ではユーラシア大陸東部に広く繁殖地があります。山地の森に棲みますが、数は少なく、観察のチャンスは限られています。地上を跳ね歩きながら落ち葉を嘴（くちばし）や足でかき分けて、ミミズや昆虫類の幼虫などを捕食します。こうした採食（さいしょく）の際の動きは他の大型ツグミ類よりゆったりした感じに見えます。秋の渡りの時期には木の実も食べます。繁殖期には、雄は梢にとまって「キョイ、チリリ」「キョロン、ツリィー」などとさえずります。

赤いベレー帽の大きなキツツキ

標準和名　**クマゲラ**
学　　名　*Dryocopus martius*
英　　名　Black Woodpecker
英名の意味　黒+キツツキ《木+つつく鳥》
漢字表記　熊啄木鳥
分　　類　キツツキ目キツツキ科クマゲラ属*
全　　長　46cm
撮影場所　日本　北海道　小樽市
撮影時期　6月1日
撮 影 者　菅原美恵子(a)
*属名はギリシャ語「キツツキ(木+たたくこと)」、種小名はラテン語「房のある頭頂のキツツキ」(ローマ神話の軍神マーズとする説もある)

日本最大のキツツキ類で、カラスほどの大きさがあります。ユーラシア大陸に広く分布しますが、国内では北海道を中心に東北地方の一部にも生息する留鳥(りゅうちょう)です。全身の羽毛は光沢のない純黒色で、雄は額から後頭にかけて赤く、雌は後頭のみ赤いのが特徴です。雄の頭は「赤いベレー帽をかぶったよう」などと形容されます。木の中に潜む昆虫を捕食し、特に朽(く)ち木に巣食うアリを好むため、しばしば木に縦長の穴をあけます。比較的よく鳴く鳥で、飛翔中は「コロコロコロ、コロコロコロ」、木にとまった時には「キョーン」と声を出し、その声によって存在に気づくことがあります。

大声で田の番をする

標準和名　**バン**
学　　名　*Gallinula chloropus*
英　　名　Common Moorhen
英名の意味　通常の+バン《湿原・荒れ地+めんどり》
漢字表記　鷭、番、田鶏、護田鳥
分　　類　ツル目クイナ科バン属*
全　　長　32cm
撮影場所　日本　新潟県　阿賀野市
撮影時期　8月3日
撮 影 者　戸塚学(a)
*　属名はラテン語「小さなめんどり」、種小名はギリシャ語「緑色の足」で実際にバンの足は黄緑

全体的に黒く、嘴(くちばし)と額板(がくばん)の赤色が目立つクイナ類です。北半球にも南半球にも広い分布域がありますが、繁殖分布はそのうち北半球の温帯域がほとんどです。国内では本州北部以北で夏鳥(なつどり)、それ以南で留鳥(りゅうちょう)です。湖沼、池、河川、水田など淡水域に棲み、公園の池などでは人慣れした個体が多く見られます。水際の岸辺や水草の上などを歩き回ったり泳いだりして、水生植物や昆虫、貝類などを食べます。「クルルルー」「キュル」などという大声を出すことがあり、そのことから田んぼの番をする鳥という意味の呼び名が生まれたといわれています。

標準和名　**バン　雛鳥**
撮影場所　日本　東京都　石神井
撮影時期　不明
撮 影 者　井田俊明(a)

黄色い嘴(くちばし)をした黒い海鴨

標準和名 **クロガモ**
学　　名 *Melanitta americana*
英　　名 Black Scoter
英名の意味 黒+ビロードキンクロ属のカモ
漢字表記 黒鴨
分　　類 カモ目カモ科ビロードキンクロ属*
全　　長 48cm
撮影場所 日本　千葉県
撮影時期 3月11日
撮 影 者 石田光史(a)
*属名はギリシャ語「黒いカモ」、種小名「アメリカの」

雄の嘴基部の黄色が目立つ他は全身が黒い海ガモで、ユーラシア大陸北部などに広く繁殖分布があり、冬季はやや南下した沿岸部で群れで越冬します。国内では北海道から東海・北陸地方にかけての沿岸に渡来する冬鳥(ふゆどり)で、時に数千羽もの大群が見られます。雌は頬などが白っぽく、他の部分は黒褐色。北海道の海岸には多く、冬の北国の荒波が似合うイメージです。冬の北風を思わせる「ピィィィィー」という雄の声が印象的です。雌は「グルル」と鳴きます。潜水して貝類などを捕食します。

独特の表情は釣り上った口角のせい？

標準和名　**エトロフウミスズメ**
学　　名　*Aethia cristatella*
英　　名　Crested Auklet
英名の意味　冠羽（かんう）のある+小型のウミスズメ類
漢字表記　択捉海雀
分　　類　チドリ目ウミスズメ科エトロフウミスズメ属*
全　　長　24cm
撮影場所　ロシア
撮影時期　7月
撮 影 者　福田俊司（a）
*属名はギリシャ語「（アリストテレスなどが記した未確認の）海鳥」、種小名はラテン語「冠羽のある、飾り羽をもった」

日本近海からアラスカ近海にかけて分布する北太平洋のウミスズメ類の一種で、日本には本州北部や北海道の沖合に渡来する冬鳥（ふゆどり）です。北海道東部の太平洋側では冬季に普通に観察され、群れで港湾に入ることもあります。全体的に黒っぽい色彩で、額の前にある前方へ垂れ下がった冠羽（かんう）が大きな特徴で、目の後方にも白い1本の飾り羽があります。夏羽（なつばね）では嘴（くちばし）が鮮やかな朱色ですが、冬羽（ふゆばね）ではその色は鈍くなります。また、嘴は基部が少し上がった形になっており、白い虹彩と相まって人が笑っているような独特な表情に見えます。潜水して甲殻類や軟体動物を捕食します。

INDEX

【英名索引】

Hawfinch（シメ）…187
Hooded Pitta（ズグロヤイロチョウ）…117
Horned Puffin（ツノメドリ）…176-177
Iceland Gull（アイスランドカモメ）…136-137
Indian Peafowl（インドクジャク）…52
Intermediate Egret（チュウサギ）…133
Ivory Gull（ゾウゲカモメ）…135
Izu Thrush（アカコッコ）…70
Japanese Accentor（カヤクグリ）…185
Japanese Bush Warbler（ウグイス）…45
Japanese Green Woodpecker（アオゲラ）…124
Japanese Grosbeak（イカル）…114
Japanese Robin（コマドリ）…58-59
Japanese Thrush（クロツグミ）…97
Japanese Tit（イシガキシジュウカラ）…200
Japanese Tit（シジュウカラ）…172-173
Japanese Wagtail（セグロセキレイ）…167
Japanese Waxwing（ヒレンジャク）…89
Japanese White-eye（メジロ）…87
Japanese Wood Pigeon（カラスバト）…123
King Eider（ケワタガモ）…149
Lesser Cuckoo（ホトトギス）…203
Lesser Spotted Woodpecker（コアカゲラ）…17
Lidth's Jay（ルリカケス）…39
Little Egret（コサギ）…129
Little Tern（コアジサシ）…139
Long-tailed Duck（コオリガモ）…163
Long-tailed Rosefinch（ベニマシコ）…10
Long-tailed Tit（エナガ）…147
Long-tailed Tit（シマエナガ）…146
Mallard（マガモ）…51
Mandarin Duck（オシドリ）…150
Marsh Tit（ハシブトガラ）…198
Meadow Bunting（ホオジロ）…190
Mugimaki Flycatcher（ムギマキ）…77
Narcissus Flycatcher（キビタキ）…107
Northern Lapwing（タゲリ）…156
Northern Pintail（オナガガモ）…43
Okinawa Woodpecker（ノグチゲラ）…18
Oriental Dollarbird（ブッポウソウ）…38
Oriental Pratincole（ツバメチドリ）…91
Oriental Stork（コウノトリ）…169
Oriental Turtle Dove（キジバト）…46
Owston's White-backed Woodpecker
（オーストンオオアカゲラ）…17
Pallas's Rosefinch（オオマシコ）…8
Pied Avocet（ソリハシセイタカシギ）…165
Pine Grosbeak（ギンザンマシコ）…9
Rainbow Lorikeet（ゴシキセイガイインコ）…53
Red Crossbill（イスカ）…22
Red Knot（コオバシギ）…85
Red Phalarope（ハイイロヒレアシシギ）…82
Red-billed Leiothrix（ソウシチョウ）…127
Red-billed Starling（ギンムクドリ）…195
Red-crowned Crane（タンチョウ）…5-7
Red-flanked Bluetail（ルリビタキ）…29
Red-rumped Swallow（コシアカツバメ）…153
Red-tailed Tropicbird（アカオネッタイチョウ）…138
Ring-necked Pheasant（コウライキジ）…154
Rock Ptarmigan（ライチョウ）…143
Rosy Starling（バライロムクドリ）…21
Ruddy Kingfisher（リュウキュウアカショウビン）…66
Ruddy Shelduck（アカツクシガモ）…83
Rufous-bellied Woodpecker（チャバラアカゲラ）…17
Ryukyu Robin（アカヒゲ）…60-61
Ryukyu Ruddy-breasted Crake
（リュウキュウヒクイナ）…19
Scaly Thrush（トラツグミ）…189
Siberian Blue Robin（コルリ）…28
Siberian Crane（ソデグロヅル）…168
Siberian Rubythroat（ノゴマ）…79
Siberian Thrush（マミジロ）…215
Siberian Yellow-wagtail
（マミジロツメナガセキレイ）…105
Smew（ミコアイサ）…93
Snow Bunting（ユキホオジロ）…144-145
Snow Goose（ハクガン）…142
Snowy Owl（シロフクロウ）…141
Spectacled Guillemot（ケイマフリ）…211
Spotted Nutcracker（ホシガラス）…170
Spotted Redshank（ツルシギ）…210
Steller's Eider（コケワタガモ）…178
Surf Scoter（アラナミキンクロ）…179
Tufted Duck（キンクロハジロ）…161
Tufted Puffin（エトピリカ）…175
Tundra Swan（コハクチョウ）…132
Two-barred Crossbill（ナキイスカ）…23
Varied Tit（オーストンヤマガラ）…69
Varied Tit（ヤマガラ）…68
Velvet Scoter（ビロードキンクロ）…214
Whistling Green Pigeon（ズアカアオバト）…119
White Wagtail（ハクセキレイ）…166
White-backed Woodpecker（オオアカゲラ）…16
White-bellied Green Pigeon（アオバト）…120-121
White-cheeked Starling（ムクドリ）…196
White-tailed Tropicbird（シラオネッタイチョウ）…95
White-throated Kingfisher（アオショウビン）…33
Whooper Swan（オオハクチョウ）…130-131
Willow Tit（コガラ）…199
Wilson's Warbler（ウィルソンアメリカムシクイ）…113
Winter Wren（ミソサザイ）…183
Yellow Bittern（ヨシゴイ）…80-81
Yellow Wagtail（キタツメナガセキレイ）…105
Yellow Wagtail（ツメナガセキレイ）…104
Yellow-breasted Bunting（シマアオジ）…108
Yellow-browed Bunting（キマユホオジロ）…111
Yellow-rumped Flycatcher（マミジロキビタキ）…106
Yellow-throated Bunting（ミヤマホオジロ）…110
Zitting Cisticola（セッカ）…192

【学名索引】

Aegithalos caudatus japonicus（シマエナガ）…146
Aegithalos caudatus trivirgatus（エナガ）…147
Aethia cristatella（エトロフウミスズメ）…219
Agropsar philippensis（コムクドリ）…197
Aix galericulata（オシドリ）…150
Alauda arvensis（ヒバリ）…191
Alcedo atthis（カワセミ）…30-31
Anas acuta（オナガガモ）…43
Anas formosa（トモエガモ）…50
Anas platyrhynchos（マガモ）…51
Anous stolidus（クロアジサシ）…212
Anser caerulescens（ハクガン）…142
Apalopteron familiare（メグロ）…92
Ardea cinerea（アオサギ）…40-42
Aythya fuligula（キンクロハジロ）…161
Bambusicola thoracicus（コジュケイ）…156
Bombycilla garrulus（キレンジャク）…88
Bombycilla japonica（ヒレンジャク）…89
Bubo scandiacus（シロフクロウ）…141
Bubulcus ibis（アマサギ）…62-64
Bucephala clangula（ホオジロガモ）…162
Calidris canutus（コオバシギ）…85
Cardellina pusilla（ウィルソンアメリカムシクイ）…113
Carduelis carduelis（ゴシキヒワ）…151
Carduelis flammea（ベニヒワ）…14-15,49
Carduelis hornemanni（コベニヒワ）…13
Carduelis spinus（マヒワ）…48
Carpodacus erythrinus（アカマシコ）…11
Carpodacus roseus（オオマシコ）…8
Cepphus carbo（ケイマフリ）…211
Cettia diphone（ウグイス）…45
Chalcophaps indica（キンバト）…122
Ciconia boyciana（コウノトリ）…169
Cinclus pallasii（カワガラス）…184
Cisticola juncidis（セッカ）…192
Clangula hyemalis（コオリガモ）…163
Coccothraustes coccothraustes（シメ）…187
Columba janthina（カラスバト）…123
Cuculus canorus（カッコウ）…202
Cuculus poliocephalus（ホトトギス）…203
Cyanopica cyanus（オナガ）…35
Cyanoptila cyanomelana（オオルリ）…27

Cygnus columbianus（コハクチョウ）…132
Cygnus cygnus（オオハクチョウ）…130-131
Dendrocopos hyperythrus（チャバラアカゲラ）…17
Dendrocopos leucotos（オオアカゲラ）…16
Dendrocopos leucotos owstoni
（オーストンオオアカゲラ）…17
Dendrocopos major（アカゲラ）…16
Dendrocopos minor（コアカゲラ）…17
Dendronanthus indicus（イワミセキレイ）…204
Dryocopus martius（クマゲラ）…216
Egretta garzetta（コサギ）…129
Egretta intermedia（チュウサギ）…133
Emberiza aureola（シマアオジ）…108
Emberiza chrysophrys（キマユホオジロ）…111
Emberiza cioides（ホオジロ）…190
Emberiza elegans（ミヤマホオジロ）…110
Emberiza melanocephala
（ズグロチャキンチョウ）…109
Emberiza spodocephala（アオジ）…126
Emberiza variabilis（クロジ）…207
Eophona migratoria（コイカル）…115
Eophona personata（イカル）…114
Eurystomus orientalis（ブッポウソウ）…38
Falco rusticolus（シロハヤブサ）…140
Ficedula mugimaki（ムギマキ）…77
FIcedula narcissina（キビタキ）…107
Ficedula zanthopygia（マミジロキビタキ）…106
Fratercula cirrhata（エトピリカ）…175
Fratercula corniculata（ツノメドリ）…176-177
Fringilla montifringilla（アトリ）…72-75
Fulica atra（オオバン）…213
Gallinula chloropus（バン）…217
Garrulus glandarius brandtii（ミヤマカケス）…186
Garrulus lidthi（ルリカケス）…39
Glareola maldivarum（ツバメチドリ）…91
Grus japonensis（タンチョウ）…5-7
Grus leucogeranus（ソデグロヅル）…168
Halcyon coromanda bangsi
（リュウキュウアカショウビン）…66
Halcyon pileata（ヤマショウビン）…33
Halcyon smyrnensis（アオショウビン）…33
Himantopus himantopus（セイタカシギ）…164
Hirundo daurica（コシアカツバメ）…153
Hirundo rustica（ツバメ）…152
Histrionicus histrionicus（シノリガモ）…180-181
Hypsipetes amaurotis（ヒヨドリ）…206
Ixobrychus sinensis（ヨシゴイ）…80-81
Lagopus muta（ライチョウ）…143
Lanius sphenocercus（オオカラモズ）…205
Larus glaucoides（アイスランドカモメ）…136-137
Larus hyperboreus（シロカモメ）…134
Leiothrix lutea（ソウシチョウ）…127
Leucosticte arctoa（ハギマシコ）…12
Limosa lapponica（オオソリハシシギ）…84
Loxia curvirostra（イスカ）…22
Loxia leucoptera（ナキイスカ）…23
Luscinia akahige（コマドリ）…58-59
Luscinia calliope（ノゴマ）…79
Luscinia cyane（コルリ）…28
Luscinia komadori komadori（アカヒゲ）…60-61
Megaceryle lugubris（ヤマセミ）…171
Melanitta americana（クロガモ）…218
Melanitta fusca（ビロードキンクロ）…214
Melanitta perspicillata（アラナミキンクロ）…179
Mergellus albellus（ミコアイサ）…93
Milvus migrans（トビ）…47
Monticola solitarius pandoo
（アオハライソヒヨドリ）…37
Monticola solitarius philippensis（イソヒヨドリ）…36
Motacilla alba（ハクセキレイ）…166
Motacilla cinerea（キセキレイ）…103
Motacilla citreola（キガシラセキレイ）…102
Motacilla flava macronyx
（キタツメナガセキレイ）…105
Motacilla flava simillima
（マミジロツメナガセキレイ）…105
Motacilla flava taivana（ツメナガセキレイ）…104
Motacilla grandis（セグロセキレイ）…167
Nipponia nippon（トキ）…20, 56-57
Nucifraga caryocatactes（ホシガラス）…170
Oriolus chinensis（コウライウグイス）…101
Pagophila eburnea（ゾウゲカモメ）…135
Panurus biarmicus（ヒゲガラ）…90
Parus minor（シジュウカラ）…172-173
Parus minor nigriloris（イシガキシジュウカラ）…200
Passer montanus（スズメ）…44
Pastor roseus（バライロムクドリ）…21
Pavo cristatus（インドクジャク）…52
Periparus ater（ヒガラ）…201
Phaethon lepturus（シラオネッタイチョウ）…95
Phaethon rubricauda（アカオネッタイチョウ）…138
Phalaropus fulicarius（ハイイロヒレアシシギ）…82
Phasianus colchicus karpowi（コウライキジ）…154
Phasianus colchicus robustipes（キジ）…154
Phoebastria nigripes（クロアシアホウドリ）…209
Phoenicurus auroreus（ジョウビタキ）…76
Picus awokera（アオゲラ）…124
Picus canus（ヤマゲラ）…125
Pinicola enucleator（ギンザンマシコ）…9
Pitta nympha（ヤイロチョウ）…118
Pitta sordida（ズグロヤイロチョウ）…117
Platalea minor（クロツラヘラサギ）…65
Plectrophenax nivalis（ユキホオジロ）…144-145
Poecile montanus（コガラ）…199
Poecile palustris（ハシブトガラ）…198
Poecile varius（ヤマガラ）…68
Poecile varius owstoni（オーストンヤマガラ）…69
Polysticta stelleri（コケワタガモ）…178
Porzana fusca phaeopyga
（リュウキュウヒクイナ）…19
Prunella rubida（カヤクグリ）…185
Pyrrhula pyrrhula（ウソ）…25
Pyrrhula pyrrhula rosacea（アカウソ）…24
Recurvirostra avosetta（ソリハシセイタカシギ）…165
Regulus regulus（キクイタダキ）…112
Sapheopipo noguchii（ノグチゲラ）…18
Saxicola torquatus（ノビタキ）…78
Sitta europaea asiatica（シロハラゴジュウカラ）…34
Somateria spectabilis（ケワタガモ）…149
Spodiopsar cineraceus（ムクドリ）…196
Spodiopsar sericeus（ギンムクドリ）…195
Sterna albifrons（コアジサシ）…139
Sterna sumatrana（エリグロアジサシ）…94
Streptopelia orientalis（キジバト）…46
Sturnus vulgaris（ホシムクドリ）…157
Syrmaticus soemmerringii（ヤマドリ）…155
Tadorna ferruginea（アカツクシガモ）…83
Tarsiger cyanurus（ルリビタキ）…29
Todiramphus chloris(ナンヨウショウビン）…32
Treron formosae（ズアカアオバト）…119
Treron sieboldii（アオバト）…120-121
Trichoglossus haematodus
（ゴシキセイガイインコ）…53
Tringa erythropus（ツルシギ）…210
Troglodytes troglodytes（ミソサザイ）…183
Turdus cardis（クロツグミ）…97
Turdus celaenops（アカコッコ）…70
Turdus chrysolaus（アカハラ）…71
Turdus hortulorum（カラアカハラ）…71
Turdus merula（クロウタドリ）…96
Turdus naumanni（ツグミ）…188
Turnix suscitator（ミフウズラ）…193
Upupa epops（ヤツガシラ）…67
Uragus sibiricus（ベニマシコ）…10
Vanellus vanellus（タゲリ）…156
Zoothera dauma（トラツグミ）…189
Zoothera sibirica（マミジロ）…215
Zosterops erythropleurus（チョウセンメジロ）…86
Zosterops japonicus（メジロ）…87

監修:**上田恵介**
立教大学名誉教授。(公財)日本野鳥の会副会長。研究誌『Strix』編集長。
1950年大阪府枚方市生まれ。府立寝屋川高校卒業後、大阪府立大学農学部で昆虫学を学ぶ。修士まではブチヒゲやナギドクガの個体群生態学を研究、その後、京大農学部昆虫学研究室を経て、1978年に大阪市立大学理学部博士課程に進み、和泉市信太山をフィールドにつがいの絆の存在しないセッカの一夫多妻制を研究した。1984年、大阪市大より理学博士号取得。三重大学教育学部非常勤講師を経て、1989年、立教大学一般教育部に助教授として就職。2000年より理学部教授(2016年3月退職)。
埼玉県比企郡鳩山町在住。セッターとセキセイインコがいる。
狭い意味での専門は鳥の行動生態学だが、研究のキーワードは進化。ローレンツ以降の古典的動物行動学から進化心理学(人間社会生物学)までを広く研究。擬態や種子散布の進化等、生物同士の共進化にからむ進化生態学も得意分野。最近は感覚生態学も興味の範囲。

解説:**大橋弘一**
野鳥写真家。1954年東京都生まれ。「日本の野鳥」をライフワークとして撮り続け、作品を図鑑などの書籍や雑誌等に多数提供。野鳥の魅力の発信に力を入れ、特に鳥名の語源や古典文学・伝説伝承における鳥の扱われ方の解説に定評がある。『野鳥の呼び名事典』(世界文化社)、『日本野鳥歳時記』(ナツメ社)、『庭で楽しむ野鳥の本』『散歩で楽しむ野鳥の本』(以上、山と溪谷社)、『鳥の名前』(東京書籍)、『北海道野鳥ハンディガイド』(北海道新聞社)など著書多数。早大法学部卒業。札幌市在住。(公財)日本野鳥の会会員。日本鳥学会会員。

企画・構成・キャッチコピー:**澤井聖一**
株式会社エクスナレッジ会長。生態学術誌*Κυανοσ οικοσ*(キュアノ・オイコス、鹿児島大学海洋生態研究会刊)・生物雑誌の編集者、新聞記者などを経て、建築カルチャー誌『X-Knowledge HOME』および住宅雑誌『MyHOME+』創刊編集長を歴任。書籍「世界の美しい透明な生き物」「奇界遺産」「世界の夢の本屋さん」「世界の美しい飛んでいる鳥」などを企画編集。著書に「絶景のペンギン」「絶景のシロクマ」「世界の美しい色の町、愛らしい家」がある。本書では学名・英名の語源調査を担当。

写真提供:本文撮影者名の後にカッコ表記のあるものはそれぞれ下記各社提供
(a)アマナイメージズ、(o)オアシス、(P)PIXTA

編集協力:髙野丈(株式会社ネイチャー&サイエンス)
協力:進藤美和
装幀・デザイン:セキネシンイチ制作室

日本の美しい色の鳥

2016年12月2日　初版第1刷発行
2025年 6 月3日　　　第2刷発行

発行者　三輪浩之

発行所　株式会社エクスナレッジ
https://www.xknowledge.co.jp/
〒106-0032　東京都港区六本木7-2-26

問合先　編集 TEL.03-3403-6796 FAX.03-3403-0582 info@xknowledge.co.jp
販売 TEL.03-3403-1321 FAX.03-3403-1829